エルメスでの「負けない」760日奮闘記

―そして藤沢市議選出馬→落選↓―

杉原 えいこ

湘南社

まず、はじめに。

今回、本書を出版することとなりまして、一緒に仕事をさせていただいた、かつての仲間達エルメスジャポンの皆様に心からの感謝を申し上げます。

今振り返れば、当時の私は、伝統と技術に支えられた老舗エルメス社で「ハリケーン」のような存在であったと、感じております。

熟練の職人さんが作り出す「美」の世界に圧倒され、そこで働く選ばれた社員の皆様と働かせていただいたことで、私は多くの事を学び、本物といわれるすばらしい物をたくさん見させていただき、他ではできない経験をさせていただきました。独特の会社文化、商慣習の違い、フランス人上司を含めた個性的な社員の皆様との毎日は、刺激に満ちたものでした。

あらためて、今回文章に起こしていくと、あの時、エルメス社で働かせていただかなければ、今の私はなかったと痛感しております。

二〇一六年九月　杉原えいこ

※登場人物は、実際の方々をモデルにしてはいますが、あくまでも架空の人物であり、お名前は現実のものではありません。

今日から新しい職場・高級ブランドのトップを行くエルメス社での仕事が始まると思うと私の心は高鳴った。ましてや、全社員が集まる新年の会への参加。たくさんの期待と新しい環境へ飛び込む時の、胸がチクチクする気持ちを感じながら集合場所へ急いだ。

指定された六本木のとあるビルの前に着くと、面接の時に何回か会った人事担当者と5人の若い女性たちの姿が目に入った。皆の私を見る目から想像するに私以外は皆揃っていて、私を待っていたようだ。「それでは、杉原さんもいらっしゃったので行きましょうか」と人事担当者。「遅れてきて大変申し訳ありませんが、トイレに行かせてください」と私。一瞬の間のあと「もちろんですよ、行ってきてください」と人事担当者。

彼女の表情から「この馬鹿、皆を待たせておいてトイレか！」と言いたい気持ちを握りつぶしての笑顔とはわかるのだが、予想外の緊張で「今とてもトイレに行きたい」気持ちは抑えられません。

私がトイレから戻るのを待って、皆で移動。私以外の5人は店舗店員のようで、20代後半から30代前半の小奇麗で華奢な女性達。私はというと、今年42歳の派手なおばちゃん。若干の居心地の悪さはあるけれど、そんな事気にしてはいられない。

人事担当者を先頭に「新年の会」会場の中へ入ると、我々6人はステージに一番近い、真ん中の席に案内された。会場は８００人くらいの人が既に着席していて、なんとも言えぬ高揚感を私は感じた。

割れんばかりの拍手に迎えられて、背のスラッとした仕立ての良いスーツを着こなした40代後半の男性が登壇する、社長の佐久間真一氏だ。

彼はフランスの大学を卒業し、大手百貨店のパリ支店で営業部長をしているときに、エルメス社の14代目ドミニーク・グーピルに引き上げられ、エルメスジャポンの代表取締役となった。こだわりのありそうな洒落たメガネをかけている。

「えー、私達エルメスジャポンでは組織図というものがありません。強いて組織図をつくるとしたら一番上は誰だと思いますか？　それはお客様です。そしてその下が販売員の皆様、さらにその下が銀座オフィスの皆様、そして一番下が私、佐久間となっております」。なるほど、顧客第一をモットーとしているのはわかるが、社長が一番下位層とは、なんだか人工的な匂いを嗅いだ気がした。しかし社長の話は少々歯切れがよくない。若干シャクレタ顎のせいで、語尾が曇るのかもしれないと私は不謹慎な事を考えていた。

割れんばかりの拍手で社長の話が終わり、次々とジェネラルマネージャーと呼ばれる部門役員達が壇上に上がり、スライドを見せながら話をしていく。そして、最後に今までの役員達と感じの違う50代後半の男性が登壇する。

他の役員がお洒落なジャケットや革のジャケットを着ている中、彼だけは可もなく不可もない普通のスーツ姿であった。経理財務担当役員の柳沢一郎氏である。経理財務担当役員らしく、売上や税前利益の数字が入ったスライドをステージに映し出している。柳沢氏のスライドを見て始めて、さっきまでの違和感の理由が私はわかった。

営業担当役員からも、さらには社長からも、売上目標はおろか、スライドにはまったくの数字が入っていなかったのだ。「いかに素晴らしい商品をお客様にご提供し、素晴らしいお客様から私達は喜びを頂いている」的な、お尻がフワッと浮くような話がさっきから延々と続いていて、宗教団体の会合にいるような気分を味わっていたのであった。営利企業である限り、経営陣は利益を追求するはずではないか！ なんてノンビリした会社であろう。

しかし、そこは経理財務担当役員である柳沢氏である、最低限の数字だけは抑えるのであろう、と思っていたら……。柳沢氏は少し数字の話をし始めると、周りの空気を悟ったのか、または他の取締役が何かのサインを送ったのか、突然「お金の話は下品でしたね、これはやめておきましょう」と言い出し、早々に話を変えてしまった。お金の話は下品なんて聞いたことがない！ どうして社内の財務大臣たる立場の人が「下品」だと言いお金の話を引っ込める。皆、その「下品」なお金のためにがんばり、その「下品」なお金のために人は殺し合いをしたりするのではないか！ これが私の最初のエルメスショックだった。

ふと、気がつくと新年の会は終わり、社員それぞれが職場に戻るために帰り支度を始めていた。

先ほどの人事担当者は、はとバスのガイドさんのように、「それでは新入社員の皆様こちらへ」と私達を先導した。

地下鉄の六本木駅まで一つに固まって移動すると「さあ、皆様、銀座までの切符を購入してありますので、それぞれ切符を持って改札を抜けてから、あそこの柱前で全員が集まるのを待っていて下さい。」小学生の遠足でもあるまいし、皆、れっきとした社会人なのだから、勝手に研修がある会社の研修室までいけるでしょ。

皆で手をつないで会社の研修室まで到着すると、この日を入れて3日間の研修が始まった。

エルメス社の本社は、フランス・パリにありエルメス家ファミリーが取締役を勤める、いわゆる同族会社である。したがって研修の初日は、エルメス家の歴史の話から始まる。有名なエルメス社のロゴはエルメス家の本の蔵書印であることをこの時知った。

馬具メーカーであったエルメス社は、人のおもな移動手段が馬から車に変わる時代を敏感に察知し、車に乗った時にカッコよく持てる上質な革のバックを売り出し、その当時人気があった女優さん達の名前をバッグに使い、それが当たった。一つ一つ熟練の職人による「手作り縫い」を謳い文句にしているが故に、価格が異常に高い。そして安売りを一切しないことも他の高級ブランドとは一線を画している。その時の一番よい革を世界中から集め、一番良い真ん中部分だけを使い、残りはもったいなくも捨ててしまうと、研修の際に私達は教わった。

そして、研修一日目は「エルメスがどんなに素晴らしいか」「お客様にどんなにエルメスが愛されているか」のエピソードの激しいシャワーを浴び続けた。程度の差こそあれ、販売会社の研修はどこも同じような「商品愛」教育がされるのであろうが、これにエルメス社は「熱烈なブランド愛」もたたみ込まれる。どちらかというと「愛」よりは「信仰」に近いように私は感じたが、愛がなければ信仰も生まれない。

一日目に現れた山田講師が強烈だった。ひと頃よくテレビでファッションチェックをしていた女性デザイナーのようなボブヘアスタイルで大きなサングラスをかけていた。ご本人曰く、元カリスマ店長であり、お客様との感動秘話のストックをたくさん持っていた。彼女の持論は「エルメスの商品が最高であるが故にエルメスのサービスも最高でなくてはいけない」小さなお客様のがっかりも「エルメスともあろうものが」とお客様はお感じになる、ということだった。ついでに、「私へのプレゼントは、私のお眼鏡に適うものを見つけなければいけないので私の嫁は大変である」ともおっしゃっていた。とても厳しい方ではあるが、自信に満ち溢れた、その言葉一つ一つに彼女の生きてきた片鱗が見られたような気がして、私は山田講師に好感を持った。

山田講師が有楽町店で店長をしていた時の話がいくつか登場した。山田講師とお話をするのが大好きな上顧客であった初老の紳士は、週に何回かはお店に訪れた。そして、山田講師との会話を楽しんだ後、決まってちょっとしたものを購入して帰られた。

ある時は、トランプ（トランプと言っても普通のトランプの5倍の価格ではある）。ある時はワインオープナー。「山田さんと楽しいお話ができたから、そのお礼に買っていくね」とおっしゃっていたそうだ。ある日、その紳士の奥様が店にいらした。その紳士が亡くなったとのこと。亡くなったご主人の遺品を整理していると、たくさんのオレンジのボックスがリボンも取られずにあったのを見つけ、事の次第を知ったと。「主人は山田さんと本当に楽しい時間を過ごさせて頂いたと思います。ありがとうございました」と山田講師は奥様からお礼の言葉を頂いた。山田講師はこう締めくくる、「私達の使命は素晴らしい商品をお客様にお届けし、素晴らしいお客様から私達は喜びを頂いている」と。

山田講師の話の中に「ガーデンパーティ」の名前が出てきた。エルメス社のバッグの中では、比較的低価格で庶民でも手を伸ばせば届く商品で（低価格といっても10万以上はするが）、キャンパス地でできている。若い女性に人気で内側がエルメス社のスカーフでできているものや、革素材の物など、数種類のラインナップをそろえている。

フランス本社がこのバッグを「ガーデンパーティ」と名づけたのは、ガーデニングをする際にスコップや手袋を入れるのに丁度良いバッグとして企画・製作したからだ。なんとそれが「ガーデンパーティ」である。本来庭いじり用のバッグを日本の庶民は「エルメスのバック」と思い、大切に使っている。庭いじりだったらスーパーのビニール袋に入れれば十分と思うこと自体が、エルメスの基準ではないらしい。

夕方5時を回り今日の研修も終わる様子になり、やれやれ一安心と思っていたら、アンケート用紙が配られた。「本日の研修の感想・並びにあなたが学んだこと3つを書きなさい」とのこと。その場で書き終えた者から本日の研修は終わりになると。パソコンでのタイプ入力に慣れている私はほとんど手書きで文章を書く機会が減り、手書きは億劫・漢字がわからないという二重苦で苦手である。今のように漢字が簡単に変換できるスマホも持ち歩いていないので、今ある自分の能力だけで手書き文章を書かなくてはならない。どうにか、こうにか書き終えて、私は一番最初に会場を後にした。

翌日の朝、研修2日目が始まった。山田講師の手には昨日のアンケート用紙が握られていた。すると「小林さん、あなたの文章には「が」が多すぎます。さらに漢字の誤字脱字も12箇所ありました。あなたはこれから上顧客様にお手紙を差し上げる機会がたくさんあります。こんな手紙を上顧客様にお出ししたら、「エルメスともあろうものが」と笑われてしまいます。もう少し、勉強して下さい」と山田講師。昨日のアンケートはそういう目的に使うためだったのかぁ……。手を抜かずにもっと時間をかけて書けば良かったと、私はとたんに後悔をした。

「次に、坂井さん」一番後ろに座っている20代中ごろの華奢な女性が名前を呼ばれた。「あなたに関してはコメントはございません。コメントする価値もありません」と一喝。それでなくても小柄な坂井さんの姿はドンドン小さくなっていった。次々にモグラ叩きのように叩き潰される販売員さん達を見ているうちに永遠に自分の番が来なければと願う。

すると「次は杉原さん、まあ　あなたは顧客にお手紙を差し上げることはないですが、エルメスの一員として最低限の文章を書けなくてはいけません。誤字が3箇所ありましたので注意をしてください」とのご注意を受けた。私が販売員でないだけでなく、他の新入社員と比べて年配者であり、管理職であるという事を山田講師は配慮してのトーンダウン発言であるのか、私は少しホッとした。

2日目の研修は、エルメス社のあの有名なスカーフについての歴史と、それにまつわる美談の話を聞いた。フランス語で正方形を意味する「カレ」。でも「カレ」と聞けば、たいていの人はエルメス社の「カレ」を思い出すといっても過言ではない、エルメス社を代表する商品である。

1937年にエルメスは〝オムニバスゲームと白い貴婦人〟と題する初めてのスカーフを発表。1950年代にはシルクスクリーン製法のスカーフを世に送り、その精密で鮮やかな色合いで賞賛を浴びた。　1枚のスカーフに使われる色は2色から、多い場合は40色ほど。その1色ずつに版をつくり、重ねて刷っていき、表現できる色彩は優に6万色を超えるとのこと。「カレ」はどんな形に結んでも、不思議と表側が出るようになっていて、これは縁の縫い方に秘密があって、熟練の職人さんが1枚に約30分もかけて四辺を縫っているとのこと。

さらに、銀座メゾン店の有名な外壁に使われているガラスブロックは、すべて特注品で「カレ」と同じ大きさになっているそうである。日本の建築基準に合っていなかったため、輸入の際の検査に大変手間取り、苦労を重ねて輸入・建築に至ったそうだ。将来、修繕補修の必要が出た時に、同じものを輸入できない可能性があったとのことで、たくさんの予備のガラスブロックがエルメス社の倉庫に眠っているというのであるから、こだわるとお金がかかる。

パリの本店のウインドーディスプレーはとても美しいことで有名である。そのウインドーディスプレーを毎日毎日眺めているご婦人がいた。雨の日も風の日も、それこそ毎日毎日ウインドーディスプレーを見ていた。ある日、そのご婦人に店長がお声がけをした。聞くと「ウインドーがとても綺麗で、特に色鮮やかなスカーフが素敵で眺めていた」との答え。店長はそのご夫人を店の中へとお誘いしたが、ご婦人は「私はエルメスのスカーフを買えるような生活ではないので……」と首をすくめた。「ご購入頂かなくても大丈夫ですよ、あなたのような方にぜひ見て頂きたい」と店長はご婦人を店の中に招き入れた。そして店長は、マジシャンが華やかにマントを広げるように、1枚1枚スカーフをご婦人に披露した。テーブルに広げられた何十枚というスカーフはお花畑のようで、ご婦人の顔を笑顔で一杯にした。

後日、そのご婦人から店長宛に丁寧なお礼状が届いた。ご婦人にとって、まさにスカーフとの夢のような時間であり、言葉で表せないほどの感動と感謝の言葉が手紙に綴られていた。

その手紙を店長は店員皆の前で朗読した。そして、「私達の使命は素晴らしい商品をお客様にお届けし、素晴らしいお客様から私達は喜びを頂いている」と皆に話した。というのが山田講師から聞いたエルメスのスカーフにまつわる美談である。このような美談はパリの本社へ研修に行った時にも、たっぷり披露される時間があり、どれも素晴らしい話ではあるが、いささかお腹一杯な気が私はしていた。さらに有名な2つのハンドバッグの歴史・名前の由来の話と山田講師の話は続く。

ハリウッドの人気女優だったグレース・ケリーは、1955年カンヌ映画祭の折りにモナコ王宮を訪ねた。その時、モナコ公国レーニエ大公に見初められ、1956年に結婚。現代のシンデレラストーリーと世界中で大ニュースになる。その年のある日、彼女が妊娠中のおなかをエルメスのバッグで隠すようにした写真が雑誌『ライフ』の表紙を飾り、14代目のドミニク社長はバッグの名称を変えることに。モナコ王室の許可を得て、彼女の結婚前の姓である「ケリー」に改称した。

14代目のドミニク社長が飛行機の中で、ジェーン・バーキンと隣り合わせにならなかったら「バーキン」は生まれなかった。女優で歌手のジェーンは当時、大きな籐のトートバッグに荷物を詰め込んで持ち歩いていたが、中身があふれて今にも落ちそう。驚いたドミニク社長はジェーンのためにバッグをつくることを約束し、1948年、「バーキン」が誕生した。

たくさんの情報のシャワーを浴びて本日の講義は終了となり、頭をボーとさせながら研修会場を出た。

そして、3日目。いよいよ研修も最終日となった。昨日、その歴史や名前の由来を聞いた「ケリー」と「バーキン」他の主力商品を、目で見て触れさせてくれるとのこと。今まで、若干斜に構えていた私も、初めて遠くから姿を追っていた憧れの先輩を目の前にするようにドキドキした。

手に白手袋をはめ、山田講師が「憧れの先輩達」をテーブルに並べた。厳選された素材を熟練の革職人が手作業で作っているのは、見てとれた。しかし、私には正直その価値に見合った価格であるのかがわからないし、このような超高級品を持って歩く程の身なりもしていない。憧れの先輩ではあるが、自分とは住む世界が違う。要するに身分不相応なのだ。

次に、山田講師は「私物」である旨を伝えた後、40～50枚のスカーフを広げていった。どれもこれも彼女のお気に入りのスカーフのようで、一つ一つの説明に熱がこもる。エルメスのスカーフには狩の様子をモチーフにしたものも多く、山田講師のコレクションの中にも、狩で狩られた雉などの絵柄があった。描写が生々しく、獲物に血がついていて日本人の感性では理解し難い絵柄である。「私のテーマカラーは茶色なのでこのスカーフが私に似合うのを、私はわかっています。わかってはいますが、私はこの生々しい柄が苦手です。もう、触ることすらできないわ。う～」と身震いをされた。そんなに嫌な柄ならば、コレクションにしなければいいのに……。

お昼休憩を挟んで、午後からは「お包み」と「リボン掛け」の演習。販売職でない者も、エルメス社の社員と名がつけば全員お包みとリボン掛けはできないと駄目らしい。元来、手先が不器用で小学校の図工ではいつも2の成績だった私はこういう作業は大嫌いである。

顧客の前で商品の包装とリボン掛けをするのがエルメススタイルらしく、綺麗にお包みができるまで何度も何度も練習を重ねる。99％顧客の前で包装する可能性がない私はまったく身が入らない。それを察してか、何人か手伝いに入った人事部社員も私のことは、あまり気にかけないので助かった。

「やっと研修が終わった！」。私以外の販売部員さんは、明日からはさらに本格的な研修に入るらしい。私は今日でお役御免となる。明日からはいよいよ本当の意味での仕事が始まる。どんな仲間がいるのだろうと考えると、また胸がチクチクしてきた。

「杉原マネージャー、お迎えに上がりました」と声が聞こえる。振り返ると小柄で色白美人が立っていた。聞くと私の上司になるフランス人　エレーン・ペシーの秘書、片桐美穂だった。

彼女に先導されて研修室を出て、廊下の反対側のドアを開けると私の職場「経理・財務部」の部屋だった。研修室の隣がオフィスだったのだ。皆、人が悪い。そうであったなら研修中に教えてくれればいいものを……。

ドアを開けて狭い廊下の左右に小部屋があり、片方が会議室、もう片方がエレーンのガラス張りの個室オフィスとなっていた。その奥に約50㎡程度の細長い部屋になっていて、机の長い島が４つ程あり、ちょっと椅子を後ろに引くと、後ろに座っている人にぶつかりそうだった。

エレーンがニコニコしながら近寄ってきた。エレーンは背が175センチほどある痩せ型の白人女性である。背が高いせいか、軽い猫背の癖がある。彼女の意思の強さを示す大きい目は若干くぼんでいて遠くから見ると、皮膚の下の骨を連想させる顔立ちである。エレーンはインド料理が好きで週に1回はインド料理が食べたくなると言っていたが、その顔立ちから、若干インドのルーツがあるように見える。

面接で会った時のエレーンの印象は、冷静な人である。感情の起伏をあまり見せない。オーバーリアクションのアメリカ人に慣れている私は、私の受け答えに対する彼女の淡々とした様にずいぶん戸惑った。私が話す事に対する反応が薄いのだ。

面接での質問も多岐にわたり、質問内容も細かい。私の回答も事細かくメモを取っていた。エレーンから「今のあなたの仕事全体を100%として、どの様な仕事に何%の時間を要しているかを教えてください」と言われ、私は適当に「伝票チェックに15%、レポート作りに20%……」と並べていった。すると「あと5%足りないわよ」と指摘された。

彼女との面接では1時間半の時間を要した。面接の場でいつも私が面接官に聞くことがある。「私が御社で働かせて頂くことになったら、最初に私に何を望みますか?」。エレーンは迷わずに即答した。「眠っている人たちを揺り起こして欲しい」と。

自分のかなりのエネルギーを使い、組織改革に取り組んだが、文化の違い・言葉の壁もあり難しかった。これからは、そのエネルギーをもっと付加価値のある仕事に活かしたい、とエレーンは語った。「眠っている人たちを揺り起こす」とは？　私が担当する経理チームのメンバーは古株が多い。外資企業には珍しく10年選手がゴロゴロしている。仕事に希望もやる気もなくし、毎日ルーティン仕事をこなしているというのが、エレーンの見立てである。変化や改革を望まず、新しいことがとにかく嫌いであると。要するに、そんな人たちを私に叩き起こさせ、組織改革を断行したいのだ。

自分にその大事業ができるかどうか、正直言って１００％の自信はなかった。しかし、始める時には無理なチャレンジであっても、大きくジャンプをすれば、手に届くチャレンジであったなら、挑戦しない手はない。いつしか気がつけば、しっかりと自分の手の中に入っているはずである。これが私の持論である。

さて、眠っている人たちの顔でも拝みましょうか。

エレーンが大きな声で皆に向かう。「皆さん、今日から経理チームのマネージャーとなる杉原えいこさんです」。一人ひとりを私に紹介していく。経理財務部は３つのグループに分かれていた。一番の大所帯、私が担当する経理チームは私を入れて10名からなる。予算編成・分析・レポーティングを担当する財務チームは３人。監査グループが１人。そしてエレーンと彼女の秘書の片桐、総勢16人が同じ部屋で仕事をする。

新年の会で登壇していた柳沢ジェネラルマネージャーとその秘書である井本美和子は、別のビルにオフィスがあった。９人の部下の顔ぶれはユニークであった。私よりも年上の大柄で体格の良い、山本剛氏は、メガネの奥に己の個性を隠しているようである。できるだけ目立たぬように自身の気配をも押し殺しているような第一印象を受けた。

山本はエルメス社が事業部制を取っていた時に、時計事業部の経理課長をしていた。今は、事業部は解体されて、山本も役職が取れて平社員となっている。時計事業部時代は上司風を吹かしていたとの噂である。かつての時計事業部は今では一部門となったが、いまだに旧時計事業部のスタッフと彼は親しくしていて、彼らには経理財務部の人間には見せないような活発さを見せる。時計部に入った新人などには、上から目線で物申す彼の姿を、経理財務部の者が見て驚いたようである。

２人目の男性、富岡隆弘はナルシストである。３つボタンのスーツとストライプのシャツを着ている。30歳中ごろではあるが、若々しいという感じではなかった。大学を卒業して邦銀に入社したが、彼曰く「こてこての古い体質に嫌気がさして」退社、その後、米系アパレル企業を経て８年前にエルメス社へ転職した。革ジャン・革チョーカー・革ブレスレットを身に着けた超ナルシストの人事部、岩本康之を崇拝していた。その理由は結婚もし、子供が居てもいつまでもツッパリを忘れない点であるらしい。しかし富岡自身はスーツ姿で勤務していた。私に挨拶をした時には、腕組みをしながら初対面の挨拶をした。

グループで一番の古株は森本冴子である。12年、エルメス社に勤務している。膝下10センチのタイトスカートと黒の5センチヒールのパンプスをいつも着用している。5センチヒールを履いていても小柄な印象の女性で、沖縄出身者であるのが頷けるほど、小麦色の肌としっかりした目鼻立ちをしていた。

「どうせ、仕事だし～」が口癖で能力はあるのに、あまり仕事に力を注ぎたくないようである。社内ゴルフコンペにも参加しているので、部外のランチ友達も多く、頻繁にその友人達が彼女の元へ来て、なにやらヒソヒソ話しをしている光景を見かける。

福本めぐみは、「おかめ」のお面のような下膨れの色白な女性である。グループの中では一番愛想が良い。皆の中での雑談などではウイットの効いた返しをしているが、ベチャっとした話し方をするなあと私は思っていた。

入社時は、派遣社員として勤務をしていたが、そのコツコツと仕事をこなす勤務態度を評価され、5年前に正社員となった。派遣社員であった時と通年すると10年近くエルメス社で勤務しているが、派遣からスタートしたことで、他の社員から雑用を回されることが多い。そんなことから、自分の報酬が皆よりも低く、評価されていないと感じていた。

茶谷真由美は早口である。入社したばかりの私に最初に話しかけてきたのが彼女である。「杉原さんって、なんかアメリカ的でさばさばしていてかっこいいですね」と彼女は私に言った。小柄で元気が良い女性だ。彼女の社歴も長く、9年エルメスで働いている。エレーンが就任する前に赴任していたジャンポールには可愛がられていたそうだ。しかし、エレーンの評価はまったくの逆で、「部の中で一番仕事ができない社員」であると私にエレーンは言った。エレーンが赴任してから、彼女の信頼を失うような失態を茶谷がしたとのことで、それ以降、エレーン曰く「誰にでもできる付加価値のない仕事」に従事している。その出来事以来、茶谷はエレーンに対してはその明るいキャラを封印し、直接エレーンと話をすることがなくなっただけでなく、エレーンと顔を絶対に合わせないようになったと誰かから聞いた。

丸川綾乃は障害があった。生まれた時から耳が聴こえなかったことから特別な訓練を受け、相手の唇の動きで読み取ることができた。しかし本人が話す言葉は、彼女の事をよく慣れた人でないと聞き取ることは難しかった。

そんな訳で、社内のコミュニケーションは、もっぱらメールでのやり取りとなっていた。その他に3人の派遣社員の女性がいて、システムが整っていないオフィス環境を人海戦術でこなしていた。

これからエルメス社で9人の部下を持つことになる、と私が尊敬する人物に話をすると、こんなアドバイスを頂いた。

「昔から小隊は4人編成と決まっているんだよ。軍隊も4人編成であり基本はフォーマンセルだからね。なぜなら、人間が自分の命を守りつつ部下の命も守れるのは自分を含めて4人が限界であるからねえ」「杉原さんのすべき事は、小隊長を2人見つけることだよ」と。私はこの中から果たして小隊長を見つけられるのであろうか。

予算編成・分析・レポーティングを担当する財務チームのリーダーは、吉岡美智子である。明るいオーラを放ち声も大きく、若干ぶりっ子風でもあるが目立つ存在でもある。セレクトショップで洋服を買い、フリルスカートをよく着用している30代前半の独身女性。エルメス社の前は外資の証券会社に勤務し、ロンドンでの勤務経験もある。親切とお節介の混在する性格である、と私は彼女をみていた。そして、彼女は社内の情報通でもあった。リーダーを務めているが役職はついていなかった。彼女に関する面白いエピソードがある。

私が入社して約1年経った頃のことだが、取引先の営業が年末に私のところへ挨拶に来た。手には鳩居堂の紙袋を持っていて、なんでも来年の干支の置物を持ってきてくださったとのことだった。お菓子なら皆で分けられるが、置物となると分けられないので、フランス人のエレーンに渡した方が喜ばれると思った私は、書類の山の上に無造作に袋のまま置いておいた。エレーンが外出中だったので、頂いた旨を報告しながら渡そうと思ったのである。

私自身も打ち合わせがあり、席を数時間離れていた。打ち合わせが終わり席に戻ると、吉岡が私に話しかけてきた「杉原さん、プリンターの前に飾っておいたから」と言われた。最初は何を言っているのかわからなかった私だが、プリンターの前に飾られた置物が目に入ってきた。「え？　勝手に開けて飾ったの？」。私が自分のものとして持ち帰るとでも思ったのか？　それにしても、取引先の営業から頂いたことをなぜ、彼女は知っていたのか？　わからないことだらけではあったが、彼女のチームの一員である小暮美恵子もニヤニヤしているところを見ると、これは何も私が言わない方がよさそうだと感じ、黙って席に座った。

エレーンはグループ長との打ち合わせを週に1回設けている。参加者は吉岡美智子、監査から香港人のミミ・ウオン、そして私の3人の参加が義務付けられている。打ち合わせとはしているが、エレーンの「するべきリスト」に載っている仕事をそれぞれに割り振られ、毎週その進捗を確認される会であった。

「これから私は質問があれば、すべて杉原さんに聞き、他の経理チームのメンバーに直接聞くことはしないので」と最初にエレーンに言われた。グループを任されている以上、窓口を一箇所にすることは双方にとって都合が良いと私も思った。

それにしても、エレーンは細かい。月に500件以上もあるお取引先への振込みデータの承認を彼女自身が行っている。

承認作業をするエレーンの隣に秘書の片桐美穂がピッタリ寄り添い、書類の隅から隅までエレーンに説明をしている。

片桐の説明の中で腑に落ちないものや、さらなる説明をエレーンが要求した時に「杉原さん！」と私が呼ばれる。たまたま私が席を外していた時に呼ばれて、代わりに支払を担当している福本めぐみが説明すると、なぜか簡単に納得してはくれなかった。

今いるメンバーの中でエレーンが面接をし、採用したのは私一人であった。自分が採用した者だからか、または私の「細かい返し」が功を奏したのかエレーンは私の言うことは、すんなり受け入れた。入社当時からエレーンからメールで、あるいは口頭で細部にわたる質問が私のところにたくさん来たが、聞かれていないことも含めて、さらに細かい回答を根気よく私は続けていた。依頼された仕事を催促されれば、何度も催促されないようにこなしてきた。

入社後にエレーンから聞いた話であるが、私の採用を人事は反対していたそうである。「個性が強すぎて、エルメスの文化に合わない」というのがその理由であった。それをエレーンが「今のエルメスには強いリーダーシップが必要である！」と半ばごり押しで周囲の反対を押し切ったそうである。さすが人事は良くわかっていると私は思う。私がピッタリ2年でエルメス社を退社したことからも、人事の方が私という人物を良く見抜いていたことになる。

エレーンは元々、ビッグ4に名を連ねる監査法人のパリ支店で会計監査の仕事をしていて、エルメス社を担当していた。

地頭の良さ・不正取引を見つける嗅覚の鋭さ・ロジカルな考え方に目をつけられて、「マダム・

モリー」に引き抜かれた。「マダム・モリー」と皆に呼ばれているのはエルメス社本社CFO（最高財務責任者）のカトリーヌ・モリー氏である。

エルメス社の「鉄の女マダム・モリー」は厳格な人物であると聞いている。私が実際にマダム・モリー氏を見たのは、パリ本社で行われた研修で挨拶をする姿しかない。化粧っけもなく、身に着ける服装も質素に見えて、あの高級ブランド　エルメスのCFOという華やかさはまったくない。マダム・モリーの逸話として有名なのが、産休2週間で職場復帰したという話がある。真意の程はわからないが、鉄の女の異名を持つ方なのだから、ありそうな話である。

私が入社して数ヶ月経った頃に、エレーンに呼ばれた。2人目の子供を妊娠していて、今7ヶ月である。産休は1ヶ月だけしか取らないのでその間を頼むとのことだった。「マネージャーを入れないと子供を産めないと思っていたので、あなたが入社してくれて良かったわ」とさらっと言った。細身の身体のエレーンなのに、なぜかお腹だけ出ているのは彼女の元々の体型なのかと私は勘違いをしていたが、それは妊娠していたからだったのである。吉岡美智子曰く、尊敬するマダム・モリーに習って、産休を1ヶ月しか取らないそうである。

エレーンは「ベビーシッター」を頼んでいる。会社の費用でそれは賄われていて、朝からエレーンが帰宅するまで子供を見てくれている。エレーンの愛するご主人はエレーンの日本赴任が決まると、会社を退職して一緒に日本に来たそうである。そして、システムエンジニアであるご主人は、日本に来てから職を見つけたそうである。

子供の食事を「大体こんなものを」とエレーンが言うものをシッターさんが買い物をし、食事を作って与えてくれる。まだ未就学児のエレーンの娘は、エレーンが帰宅するまでには眠っていることが多いそうだ。そんな環境でまた2人目の子供を産むのかと私は思った。この辺の情報も吉岡美智子からの情報である。

エレーンは私が入社する約1年前に前任のジャンポール氏と入れ替わりに赴任した。陽気で感情豊かなジャンポールとは実に対照的なエレーン。何より、彼女が行く先々で不正とまではいかなくても、社内規定から逸脱するような取り扱いを行っている事実をよく見つけてきた。または、数字を見ていて何かがおかしいと、あたりをつけてから出向いていっているのか？　そこはわからなかったが、彼女が出向く先々で「不適正取引」案件があった。

ある店舗の店長が、上顧客に新作ケリー数点をご自宅までお届けしていた。見ていただいて後日、ご購入頂かないものを店長が引き取りにくるという事を通例的に行っていた。しかしある日、その上顧客が何か重大な事件に関わっていたようで、逮捕され拘留されてしまった。もちろん、預けたケリー数点もお返し頂けなくなったという。この事実をエレーンは突き止めた。

テレビにもよく出るカリスマ占師は銀座メゾン店の上顧客である。新しいバッグが入荷し、月の売上目標を達成するために店長はどうしてもその方に新入荷バッグを買って頂きたかった。担当者に新商品を見に来てくださるよう電話をしろと、しつこく指示をした。その担当者は「あの方はこういう柄はお好きでないので」と何度も店長に伝えたが、店長が電話しろとしつこいため、しぶしぶお電話をした。カリスマ占師はご来店されて、お目当てのバックを目にすると案の定、その柄はお好きではなかった。

しかし、「あれ、いいじゃない！」とおっしゃり、まったく別のバッグをご購入された。お勘定になると彼女は、「私にわざわざ足を運ばせて、私の好みではないとわかっていながら、売りつけようとしたわね。これを「お詫び」としてタダでつけなさい！」と言い放った。これとは、元々ご購入をして頂こうとしていた「あの」バックである。店長は３００万近い商品を半額で売ったことになってしまった。この事実が明るみになる、きっかけもエレーンだった。

不自然な取引を見つける能力に長けたエレーンを、当然のごとく店長達は煙たがった。彼女が現れれば何かしらの「不適正取引」を暴かれてしまうのであるから、店長達はエレーンの来店を好まないのは当然である。

欧米の文化と日本の文化の違いからかはわからないが、どうもエレーンは「性悪説」に立って仕事をしているようであった。または、監査人という彼女の経歴が影響しているのかもしれない。「適正な手続きを行っているはずである」との前提から物を見たら不正や不適正手続きは見つけられない。時々、邦銀などで「あの地味でおとなしい人が横領をするなんて」という事件が起きるが「あの人に限って」という発想は欧米にはない。

「不正」を見つける才能があるエレーンではあるが、こと毎月の支払業務にこの能力を発揮してくださるのは、その業務に携わっているものとしては、大変な迷惑ではある。支払明細と請求書の一枚一枚を隈なくチェックをし、「なぜ、この請求が発生しているのか」という「そもそも論」を経理部員は説明しなくてはならない。予算があり、上長他のたくさんの承認印が押されて経理に回ってきた書類を支払処理している段階で、「なぜ、この請求が発生している」とすべての請求について毎月言われると、いい加減、担当者は辟易してくる。

エルメス社が同族会社ということもあり、ことキャッシュが出て行く取引には、他社に比べて厳重な処理手順を踏んでいると感じることが多々あった。今考えれば、その処理手順にエレーンは従っていただけなのかもしれない。

同族会社らしいことがある。店舗のデザインを一基に受け持っているのがフランスのデザイン会社であったが、このデザイン料がかなり高い。一度、この会社への支払いが漏れていたことがあった。デザイン会社の経理からエレーンに直接問い合わせがあり、支払いが漏れていたことへのエレーンの怒りは半端ではなかった。その頃、内部事情を理解していなかった私はエレーンのその剣幕に驚いたが、後で事情がわかり納得した。

実はパリ本社の社長の奥様が経営されている会社であった。

経理チームのメンバーはミーティングの場では貝になる。仲間同士では楽しそうにおしゃべりしている姿を見かけるが、会議の場では皆、下を見ていて私と目を合わそうとしない。

そこで、私は1人ずつランチに誘う作戦に出た。まずは、グループで一番の古株の森本冴子を誘ってみた。私が「仕事は楽しい？」とできるだけ気楽な感じで聞いてみたが、彼女の口からは今までの私の経験では聞いたことがない返事が返ってきた。

「仕事なんて、しょせん仕事だし〜、経理だし〜、楽しいもなにもないですよお〜」。気だるそうな顔をして、そう答える。私は常に楽しくチャレンジのある仕事をしてきた。1日の拘束時間が長いサラリーマンの仕事が楽しくなければ、それは苦行でしかない。彼女の「しょせん仕事」という言葉は私が今まで一緒に仕事をしてきた部下達から聞いたことがなかった。エルメス社以前の部下達は、とにかく文句が多かった。「ここを改善してほしい」「アメリカ本社にこう提言してほしい」などの要望や自身の待遇・仕事量について私に思いのたけをぶつけてきた。それに反して、私の新しい部下は「世の中なんてこんなもの、仕事が楽しいはずがない」と私に突きつけてきたのである。会社に対して何も期待していないし、ましてや新しく来たマネージャーに望むこともないのだ。ある意味、斜に構えていて私が入る余地もない。

森本冴子の後、メンバー全員とランチに行ったが、皆似たような反応だった。

その中で、福本めぐみの反応が一番私の心に刺さった。「新しくマネージャーになった人は、皆そんな事を言うんですよね～。でも、何もどうせ変わらないし～」とニヤニヤしながら言った。その話し方と様子で、私は馬鹿にされているような印象を持った。そして、次の日、ランチをご馳走になったお礼と称して小さな包みをもらった。

今まで、何百回と部下にご馳走してきたが、「お返し」を貰ったのが始めてだった私は彼女の真意を読めなかった。素直な「お返し」なのか、または、私に借りを作りたくなかったのか？　人の心は読めません。私は作戦を変えてみた。しばらくは様子見で、それぞれのメンバーの性格と特徴を把握することに努めた。


富岡隆弘が手を抜いているのはすぐにわかった。しかし、手を抜いてはいるが、そこそこできる男でもあった。自分もその事を理解しているのか、7割方のエネルギーしか仕事に使っていないようだ。それなのに、要領の悪い山本剛と比較すると120％のパフォーマンスを見せる。エレーンは経理部員には自分は直接指示を与えないと言っていたが、富岡は別だった。

エレーンも彼が手を抜いているのを知っていて、チョコチョコと彼に宿題を与えているが、いろいろと言い訳をして宿題提出期日に出てきたことはない。しかも細かい精密な彼女に対していい加減な回答を返すので、よく叱られていた。

私が一度、彼に言ったことがある。「細かいエレーンには細かい返しをしないと、さらに細かいところを突っ込まれるわよ」。しかし、彼は腕組みをしながら「あんなのいちいち対応してられませんよ。大丈夫ですよ、大丈夫」と、気にも留めない様子である。

吉岡美智子曰く、過去の経理チームリーダーは、富岡隆弘にことごとくてこずったらしい。仕事の指示をしても指示に従わず、ゴタクを並べたそうだ。周囲の心配（?）に反して、私は富岡隆弘とは仕事がやりやすかった。手を抜いてはいるものの、彼は仕事はキチンとできた。私が欲しい「成果物」を説明し、その過程を任せるときちんと私が欲しい形のものを作った。仕事のセンスがいいのである。

吉岡の分析では、「杉原さんは役職が付いているから富岡は指示に従っている。彼は権威に弱いので、言うことを聞いている」とのこと。まあ、過去はいろいろあったかもしれないが、私は彼と仕事がしやすいのでまったく問題ない。

エルメス社の在庫管理システムは使い勝手が良くなかった。鳴り物入りで自社開発し名前も「エームス」と命名し、かなり投資もしてきたらしい。

しかし残念ながら社員は口々に「エームス」は馬鹿だから使えないシステムだと言っていた。システムの開発を担当していた情報システム部の当時の部長は、私が入社した時点では平社員となっていた。降格になった詳しい経緯はわからないが、開発を下請けしていた業者と部長が元々の知り合いだったとのことで、業者との「なあなあな関係」が成果物の不出来に影響をしていのかもしれない。経理財務部の中では、森本冴子が一番「エームス」に精通していた。

総務部に、柳田俊夫という定年ちょっと前の社員がいる。総務部に行き、彼の席を見ると机の一番奥に、配線のつながっていないモニター、デスクトップパソコン、その上にキーボードが置いてあり、「不要物」扱いを柳田がしている様子が伺える。総務担当とは見えない、目つきの鋭い、どちらかと言うと「アク」の強い顔立ちをしている。

メゾン店舗の増床プロジェクトを担当していて、業者との工程調整をおもに行っていた。経理財務部と関係してくるのは、新規取得の固定資産のやり取りがおもであった。柳田は20年近くエルメス社に勤務し、昔は営業部長をしていたそうだ。

何らかの権力闘争があり、何年か前から総務担当となったと誰かから聞いた。

増床といえば、会計処理には重要な案件であるため、柳田からの資料を私は待っていた。私は入社したてではあったが、担当は杉原であるとエレーンから柳田に伝えられていた。なのに、柳田はいつも資料を最初に財務チームのリーダーである吉岡美智子のところへ持っていく。最初は、たまたまなのかと思っていたが、それが何回か続くと意図してやっているのであると気が付く。柳田が私を嫌っている云々の話ではないと思う。新しく外から来た人間をすぐには仲間とは数えない文化があるらしい。吉岡も「私は関係ないんだけどね～」と私に言いつつも、柳田にすっぱりと「これは杉原さんの担当なので、これからは杉原さんへ直接お願いします」とは言わない。いつも柳田・吉岡・私の3人でミーティングを行い、柳田は吉岡に向かって説明をする。

この柳田が手持ちする資料が凄かった。メゾンの増床に要する建物の工事費用が項目別に色鉛筆で色分けされていて、すべて手書きであった。詳細な手書きのフロアー図面に振られた記号番号とすべて連動していた。たくさんの桁が並ぶ数字もすべて、縦計・横計もすべて手計算でなされていた。しかも、計算ミスが一切なく、書き損じを訂正した痕跡も見当たらなかった。A3横サイズ紙の左端が製本されていて表紙も手書きで作られている、大切な彼の作品である。

その作品は、合計で4部作られていた。会議に参加する私、吉岡、予備そして柳田自身のコピー。その「作品」を丁寧に説明し始めた。その内容も説明もわかりやすく、誤字脱字もない丁寧な字で書かれている「作品」を見ていると、ある意味尊敬の念を抱いた。ここまでの完璧な手書きの世界を見たことがなかった。

経理財務担当役員の柳沢一郎と、その秘書である井本美和子はいつも暇そうだった。ときどき、柳沢の承認を貰いに柳沢のオフィスに行くが、オフィスの入り口に席を置く井本は私と雑談に花を咲かせるのが好きだった。柳沢は大手家電メーカーS社に長年勤務していたとのことで、フランス支社でも活躍していたとのふれ込みだった。

フランス人の妻との間に男の子2人をもうけていたが、既に離婚しているらしい。S社の経理マンとしての功績話が聞けると私は柳沢とのミーティングを楽しみにしていたが、私が聞いたS社での話は、株主総会で配布する資料に誤字があり、その対応に追われた事だけだった。

組織上は柳沢がエレーンの上司であったが、どう見てもその力関係は逆転していた。エレーンが決定したことを柳沢が覆すことはなかったし、エレーンは強かった。柳沢は事実、承認をするだけの人であった。

柳沢に一度、エレーンについて聞いたことがあった。他の経理チームのメンバーには厳しく、執拗に追求してくるエレーンであったが、こと山本剛に対しては一切何も言わない。それが腑に落ちなかった私はその理由を柳沢に尋ねたことがあった。

「障害者だと思っているんだよ」と柳沢は意外なことを言った。つまり、仕事が普通にできないと認識しているのでまったくあてにしていないとのことだ。さらに「フランス人は障害者には優しいから」とも柳沢は言った。エルメス社では降格した者でも給料は減額されず、役職が付いていた時のままの給与をもらえるとの噂がある。その噂が正しいとすると、まったくあてにされていない山本は他のスタッフと比べて高給取りであるということになる。山本が部内で気配を消している理由が、なんとなくわかった気がした。

エレーンが長期休暇を取っている時（フランス人は夏に1ヶ月程度のバカンスを取るのが普通である）は、柳沢は経理財務部員とコミュニケーションを盛んにとった。時には、私に消費税の仕組みについて聞いてくることもあった。

エレーンが休暇の時、柳沢に呼ばれて、彼のオフィスへ出向いた。エレーンが私に聞くように、今私が携わっているプロジェクトや仕事の進行状況について珍しく聞いてきた。私が説明を始めると、「君は私の質問に答えていない、私の質問にだけ答えなさい」と険しい顔で言った。いつものちょっとトボケタ様子とは違い別人のようで、まったく違う声と、眉間にしわを寄せた気難しそうな柳沢がそこにいた。そのあまりの剣幕に私がたじろいでいると、イライラした声で「だから、余分な事は言わずに、私の質問だけに答えなさい」と声を荒げた。突然の柳沢の豹変に私はすぐに対応ができずにいたが、柳沢が望んでいるのだから前後の過程を取っ払って、柳沢の質問にだけ答えてその日は柳沢の部屋を退出した。

その日以降、定期的に柳沢の部屋に呼ばれて、同じようなやり取りが続いた。質問にだけ答えようと努めたが、親切な私はわかりやすい説明をと思い、ちょっとしゃべると「私の質問にだけ答えなさい」と言われてしまうので、話をするだけでも極度の緊張をした。柳沢の意図が汲めず、私はイジメにあっているのではと思ったこともあったが、私はできるだけ深く考えないようにした。

それから数ヶ月が経ち、私もできるだけ余分な情報は伝えずに、聞かれたことだけに回答することに全神経を使ったので、柳沢は、あの険しい顔をしなくなった。

また、柳沢に呼ばれた。「杉原さんは、山本さんのことを障害者だと言った。同じグループ内に障害者である丸川綾乃がいるのに、そういう言葉を使うのは人として尊敬できないし、ましてや上司として、どうして尊敬できよう」という訴えが私の部下からあったとのことであった。

その会話には覚えがあった。エレーンのたっての希望である、ジョブローテーションを行った時に、福本めぐみの担当であった仕事を山本が引き継いだ。予想通り、山本は覚えが悪く福本に同じ処理を何度も何度も聞いてきた。最初は辛抱強く対応していた福本の堪忍袋が切れたようで、私に訴えてきた。私は柳沢の言葉が頭に残っていたので、福本に「山本さんを障害者と思って足らないところはカバーしてあげて」とつい、エレーンの考えを言ってしまった。しかし、私の使った言葉は適切ではなかったのは明らかだった。

さらに、入社して半年間は子供の幼稚園の関係で、時差出勤を私はしていた。毎週水曜日だけ始業時間の1時間前に出社し、就業時間の1時間前に退社していた。それも最初の半年くらいで、その後は地獄の長時間勤務へと突入したので時差出勤など、どこかへ飛んでいってしまってはいたのだが……。

そのことを福本は「杉原さんは1時間早く退社してエステに行っている」と柳沢に告発したらしい。柳沢から、「このように部下から言われるのは脇が甘いからである」と厳重注意を私は受けた。

そして、福本からこのような訴えがあったのはエレーンの耳にも入っていることを、柳沢から私は聞いた。

柳沢の部屋を出てそのままエレーンの部屋へ向かった。柳沢はともかく、エレーンには私の不用意な言葉は真意ではないことを伝えたかったし、エステに行っているなどという嘘も訂正したかった。

私が柳沢から聞いた旨をエレーンに話すと、「Bullshit!」とエレーンは一喝した。この言葉、かなり丸く言うと「くだらない」「あほくさい」と訳せるが、直訳すると「牛のクソ」であり、アメリカ映画によく出てくる汚い言葉である。あのエレガントでクールなエレーンのイメージとはかなりかけ離れた言葉であるが、エレーンはこの言葉を使った。

柳沢からこの話を聞いた時、あまりにもクダラナイので、あなたの耳に入れる必要もないと思いあえて言わなかったとエレーンは言った。私はこの言葉に救われた。「この人はただ、厳しいだけではなかったのだ」

新しい提案をする時には、最終判断はエルメス社では役員会議にはかられる。私は過去2回、役員会議にはかる案件をあげた。

一つは、顧客がクレジットカードの分割払いを選択できるようにすることであった。特に皮革製品が高額であるため、顧客が買いやすいように選択肢を広げるという提案であった。確かに「大エルメス社」にとっては庶民的な提案だったかもしれない。あっさり「分割払いなど、エレガントではない」の一言で、役員会議で却下された。エルメス社ではすべての判断の際にこの「エレガントではない」というマジックワードによって没にされる。

私と同じ課長職だけを集めたマネージャートレーニングが、人事部主催で2日間行われたことがあった。トレーニングの最後に、参加者が参加した感想を各々発表する場が設けられた。皆、この「エレガント」という言葉に自分の提案が没にされ、撃沈してきたかを口々に言い出した。そして、中間管理職としての辛さも共有された。

課長職よりも上、そして下が「ぬるま湯」につかっていて、真ん中の中間管理職は汗水たらして奮闘している様子がうかがえた。

もう一つの提案は、メゾンの中に新設されるカフェで販売するコーヒーの価格についてであった。幾つかの案を提出したが、取締役会では、消費税込みの値段として丸めた数字にするか、消費税を足して半端な数字にするかの判断で意見が割れた。最終的には社長である佐久間の一言で「エレガント」な消費税込みの丸めた数字となった。今は価格が改定されているが、当事はコーヒー一杯の値段が確か1700円と「エレガント」な値段であったはずである。

ジョブローテーションはエレーンのかねてからの希望であった。「経理チームが眠っている」のは皆が同じ仕事を何年もしていて変化がないせいである、と彼女は信じていた。担当者の休み、病気の時には他の人が業務を代われる体制があることは素晴らしい。しかし、長年携わっている仕事を変えることは、人々のメンタル・引継ぎ時間を考えると大変な事である。まして、9人全員の業務を入れ替えるとなると大ごとである。でも、私はサラリーマン。上司が望む事を実現させるのが部下たるものである。私はジョブローテーションに着手した。

9人一気に業務を入れ替えるとなると間違いなく混乱が起きる。私は3回に分けて業務入れ替えをすることにした。しかし、その前に最大難関がある。それは、9人のスタッフにジョブローテーションを行うことを伝えることである。私はスタッフを会議室に集めた。

「皆さんは現在担当している業務を長年に渡って携わってきました。長い年月行っていると熟練度が増してくることや、作業効率がよくなるというメリットも多いです。しかしながら、長年同じ人が同じ業務をしていると非効率な作業を見逃し、改善が見られなくなってきてしまいます。さらに、担当者の急な病気の時には、他に誰もわからない状態では会社としては望ましい体制とはいえません。そこで、これから3回に分けて業務入れ替えを進めていきたいと考えています。これについて、まずは皆さんのご意見をお聞きしたいと思います。いかがでしょうか？」と私が話すと「なんだ、それ！」と言わんばかりの皆の険しい顔が並んだ。

しばしの沈黙。誰も何も言おうとしない。そこで、私は一人ひとりに振ってみた。まずは、富岡隆弘に意見を聞いてみた。「前からエレーンが言っていたことですよね。いいんじゃないですか。僕は別にいいですよ」と腕組みをしながら富岡は答えた。次は森本冴子に聞いてみた。「別に〜私もいいですが」と気のない返事。次にさっきから不満げな顔をしていた福本めぐみに聞いてみた。「今でも月末支払手続きは締切日ぎりぎりまで掛かり残業もしているのに、それなのに、担当者を変えて、引継ぎをしながら締め切りにあわせるなんて無理です。杉原さんは私たちの作業量を理解したうえで言っているのですか？」と感情のままぶつけてきた。

このジョブローテーションの話をする前に、9人全員の、詳細な現在の仕事内容リストを作り、さらに費やしている時間数を入れたシートを作っていた。元々は本人達に仕事内容と時間数を入れてもらって回収したが、全員が規定勤務時間数に大幅に満たなかった。忙しい、忙しいとスタッフは言うが、数値に表すと残業がまったく発生しないどころか、時間数が満たないことになる。

私は一人ひとりにヒアリングをし、「あなたがしているこの仕事がリストに入っていないわよ」とか「この仕事はもっと時間がかかっていない？」など聞いて回り、かなり手を加えて仕事リストは完成していた。

福本が最初に出してきた仕事リストでいくと彼女の現在の仕事量は勤務時間の7割程度であり、残りの3割は遊んでいることになる。その事実を私が言うと「あんなの、ただのリストですから」と福本は言った。

ただのリストなんて言ってもらっては困る。このリストを元にこれから行うジョブローテーションの内容を決定していくためのものである。そのために何度もヒアリングをしながら手直しをして完成させた。私が淡々と伝えると福本は口をつぐんだ。

次に茶谷真由美に聞いてみた。「エレーンは自分が赴任している間に、これをやったという事実が欲しいだけなのですよ。それに私たちが巻き込まれているだけですから」と言った。過去にエレーンに相当叩きのめされた茶谷はエレーンの話をするときは、その明るいキャラは消えて顔の筋肉が緊張した、こわ張った顔をする。

私は「エレーンが望んでいるという事だけではなく、バックアップ体制を作る意味でジョブローテーションは大事だと思うのよ」と言った。「同じ作業も他の人の目が入ることで、今までは良しとしていた作業が不必要になったり、またはもっと良いやり方が生まれたりと、実施することの意味は大きいと思うのよ。まあ、とにかくやってみましょう。始めてみて、何か按配が良くないことがあったら、その都度訂正をしていけば良いのだから」となかば説き伏せるというよりも、押し切った形でスタートすることとなった。

スタッフ全員の仕事リストを元に、それぞれの能力と費やす時間を考慮に入れてジョブローテーション案を私は作った。

まずは、支払を担当している福本と時計部の経理を見ている山本の一部業務を入れ替えることにした。

福本は毎月５００枚以上の請求書を経理システムに入力をし、支払処理を行っている。一見単純作業のようだが、量が多いのと古いシステムを使っていることもあり、支払帳票を出し、銀行の支払いシステムへデータをダウンロードする作業がボタン一つでできるような代物ではなく、幾つかのステップを踏まないといけない。その工程を福本は丁寧に山本に説明をし、山本も熱心にメモを取っているのだが、２ヶ月目、３ヶ月目と同じ作業を何度も繰り返し教わっても、なかなか習得できない。

３ヶ月目くらいからは、福本が山本へ説明する声もトーンが変わってくる。本来、福本は「○○で～、○○なので～」と語尾を延ばし、ベチャっとした話し方をする女性だが、だんだん山本と話をする時には声が低音になり普段の福本の声とは声質が変わった。「これ何度も説明していますよね！」

福本自身も、山本から引き継いだ新しい仕事をしなくてはならず、山本への説明時間が増えれば増えるほど自分の作業時間が減ることになり、残業が増えてきた。

茶谷真由美はオフィススタッフの経費精算業務とその他諸々の雑用を担当していた。

元々はフランス本社からの商品調達請求を担当していた。しかし、エレーンが赴任直後、フランス本社側との月末残高合わせをする際に、まったく数字が合わず、エレーンの質問にも茶谷が「しどろもどろ」であったらしく、エレーンの逆鱗に触れた。というのも、エルメス社の商品は高額であるため、フランス本社から輸入する商品の原価も高額であり、本社との取引額はおのずと高額になり、一番大きい会社の費用であった。その「事件」があってから茶谷は、仕事内容を単純作業に変更され、エレーン曰くの「誰にでもできる付加価値のない仕事」に従事している。

エレーンの希望でシステム開発を始めた「従業員の経費精算」システムは途中で頓挫していた。何人かの担当者が関わったが、エレーンの気まぐれによる度重なる仕様変更に開発業者が匙を投げ、完成することなく放置されていた。このプロジェクトを完了させることがエレーンのたっての希望であった。私との面接の時にも「経費精算システム」の話が出て、私にやって欲しいことの一つに入っていた。

「一番、暇なのは茶谷だから」という理由で、茶谷をこのプロジェクトリーダーにするように私はエレーンから指示された。エレーンから「仕事ができない社員のレッテルを貼られた茶谷」をプロジェクトリーダーに指名するエレーンの真意が掴めなかった。私の考えをエレーンに伝え、私がプロジェクトリーダーを務めると提案をしたが、彼女の考えは変わらなかった。

私自身も、しっくりくる話ではなかったが、私はエレーンの望むように進めることとした。できるだけ前向きに茶谷に、この話を伝えることとした。

「茶谷さんも経費精算システムが今、頓挫しているのは知っているよね？　そこそこの開発費用を掛けてもう少しで完成のところまできていたのに、このまま日の目を見ないのはもったいないと思わない？　ほとんどの仕様の詰めは終わっているので、最終調整さえすれば稼働になるとエレーンから聞いているのだけど、その最終調整を誰がするのかが問題なのよ。今、茶谷さんは経費精算を担当してくれていて内容をよく熟知しているので、私は茶谷さんが適任だと思うのだけど、どう思う？」と切り出してみた。

すると、一気に茶谷の顔色が曇った。「私は経費精算の処理をしているだけで、システム開発なんてやったことがないし、まったくわからないので無理です」と答えた。確かにそのとおりである。「開発のことがわかる必要はないのよ。そのために業者さんに作ってもらっているだから。私たちのすることは、どういう物にしたいのかの仕様を取りまとめて、開発業者に伝えることなので、その意味では茶谷さんは日々の業務で経費精算処理を行っているので、システム化するのならこんな事もできたらいいなとか、ここは、こういう方が使いやすいみたいな意見を出してもらいたいの」と私は伝えた。

すると、茶谷はこのシステム開発に関して、何人かの人が関わってきたが、度重なる仕様変更により開発業者に「もう付き合っていられない」と逃げられたプロジェクトであるとか、エレーンは自分が言い出して始めたことなので、どうにか形にしないことにはパリに報告できないからだとか、あれこれまくし立てた。

その日は「まあ、いいや、ちょっと考えておいて」と茶谷に伝えた。それから2日後、今度は茶谷から「話がある」とのことで呼ばれた。

会議室に私が入ると、茶谷は既に座っていた。「私、病気なんです」といきなり言い出した。「夜もよく眠れなくて精神的に不安定で……。病院に行ったら自律神経失調症と診断されました。これ、診断書です。なので、経費精算システムリーダーはとても無理です」と一気に息継ぎもせずに言った。

私が「眠れないって、夜中に何度も目を覚ますってこと？　それとも、寝つけないということ？」と聞くと「まったく寝つけなくて、寝たと思ったらすぐに目を覚ましてしまうんです。そして、それからまったく眠れなくなってしまって」と茶谷は答えた。「眠れないのは辛いね。で、精神的に不安定とはどういう症状なの？」と私が重ねて聞くと、「とても落ち着かなくて、毎日、なんていうか、気持ち、そう、気持ちが落ち着かないです」。「気持ちが落ち着かないの？　病院の診断書が出ているし、とても辛いのであれば、例えば少しお休みを取って療養して、しっかり元気になってもらう必要があるんじゃないの？」と私が言うと、「休む必要はありません。ただ、負荷がかかる経費精算システムリーダーにさえならなければ大丈夫です」と茶谷は言った。その後も、私は茶谷に休暇を取る事を勧めたが、茶谷は頑として引かず、経費精算システムリーダーの任さえなければ問題ないと繰り返した。

私は茶谷の訴えをそのままエレーンに伝えた。するとエレーンはひとこと言った。「休みが必要でないのなら本当に病気ではない、そのまま茶谷を経理精算システムリーダーに」と指示を受けた。

エレーンから言われたことは除いて、私は茶谷に長期休養を要するようではないようなので、体調をみつつ経費精算システムリーダーを務めて欲しいと伝えた。

すると、さらに2日後、また茶谷から話があると言われ呼ばれた。「流産しちゃったんです」と茶谷の口から思いがけない言葉が出た。

「え?」私は思わず言葉に詰まった。その時の茶谷の顔を私は一生忘れないであろう。ニヤッとした目は、小さな半月形になり私の顔色をうかがうように目の奥がかすむような目だった。口は斜めに曲がっていて、顔全体が歪んでいたようだった。

茶谷は数ヶ月前に歯科医の御曹司と結婚していた。要するに、流産するほど、経費精算システムリーダーの仕事は彼女の体に心に負荷を与えているので、そのプロジェクトから外して欲しいとの訴えだった。外して欲しいも何も、まだ任命しただけで何も仕事はしていないのだが……。私は匙を投げた。エレーンに茶谷の話を報告し、茶谷をプロジェクトから外すことを伝えた。

経費精算システムプロジェクトリーダーを私が勤めることになったが、その後、9人いた部下が次々に退社し、「後任となる候補者の面接をし、採用・引継ぎトレーニングをする」を繰り返し、私は超多忙となった。皆、後任を待たずに退社するため、間を私が埋めなくていけなかったからだ。

毎日、会社を出るのは夜の11時過ぎで、土日も出勤するような日々がまる3ヶ月続き、さすがのエレーンも私が経費精算システムプロジェクトリーダーを兼任するのは無理だと考えたようで、産休から復帰したばかりの監査を担当していた内山綾子をリーダーに任命した。彼女は1人目を出産し産休を取り、復帰後すぐに2人目を授かり、2年近くの産休から復帰したばかりであった。

彼女は体が大きく、大阪弁で話すおかあちゃんタイプの女性であったが、エルメス社の特に洋服が大好きであった。大社販で購入したプレタポルテをよく着ていたが、残念ながら彼女にはとても似合っているようには見えなかった。

経費精算システムの開発を受注したのは、エルメス社の在庫管理システムである「エームス」を開発した業者であった。元情報システム部部長と仲良し業者である。「エームス」の出来栄えを見れば不安になるところだが、こちらが提示した予算で引き受けてくれる業者は他にいないとのことで、依頼することとなった。

ある程度、打ち合わせが進むと、エレーンが面倒な事を言ってきた。システムがどのように作られているかのシステム設計図を出すように業者に伝えるようにと。それをシステムエンジニアである自分の夫に見せるとのことであった。

業者はもちろん嫌な顔をしたが、しぶしぶ設計図を作成した。すると、今度は「私の主人はこう言っている」「私の主人はここが変だと言っている」とエレーンの夫の意見を業者に言ってきた。これには、情報システム部の現部長もさすがに辟易し、エレーンにはわからない日本語で「そんなに、あんたの旦那が優秀なら旦那にやってもらえよ」と陰口をきいていた。そのコメントはもっともだと、私も正直思ったくらいだ。

経費精算システムプロジェクトリーダーは内山であったが、経費精算業務自体は私のグループで担当していることもあり、開発者を交えてのミーティングに私は毎回呼ばれた。さらにユーザーテストのメンバーにも入れられていたことから、それでなくても手一杯なところ、さらに毎日ユーザーテストを早くするようにと内山から矢のような催促がきた。急ぐ特段の理由はないはずなのだが、内山自身もエレーンからプロジェクト期日を決められていて、同じように矢の様な催促をされていたことがのちほど判明した。仕事はますます増えていった。

さらに追い討ちをかけるように、エレーンが私の仕事を増やしていった。彼女に依頼されてまとめた資料や数字を私が提出しても、エレーンはすぐには見てはくれない。週一の彼女とのミーティングの中の「するべきリスト」として毎回確認され、催促されるので私は提出する。しかし、私がその資料の事を忘れる数ヶ月後に、内容をチェックし、細かい質問を私にしてくる。ずいぶん間が空いているため、私は自分がどのように作業をしたかの振り返りをしないといけない。それがたまにならまだしも、毎回時差攻撃をされるので、かなり振り回される。エレーンは自分のペースで仕事をする割には、依頼した仕事を早く仕上げるように、催促だけはうるさかった。

そして、業者への振込依頼書についても、相変わらず一枚一枚、私の部下に毎回毎回細かく質問してくる。彼らが説明をしても、いつも納得せず「杉原さーん」とその都度呼ばれ、私も同じ回答をしなければならないので、かなりの時間を使ってしまう。

残業しても残業しても、底なし沼のようにしなければいけない事が降りかかってきて、私は「もう、やっていられない！」状態になった。今思えば、あの時は、何か私に「不」の雨が落ちてきたような気がする。

私はついに、エレーンに長ーい長いメールを書いた。まず、「優秀なあなたと一緒に仕事ができて、自分は勉強することがたくさんあり、ありがたいと思っている事を綴った。（実際、エレーンから学ぶ事は多かった）。至らないところはあるとは思うが、自分は自分の持てる力を１５０％出して仕事をしてきた。しかしながら、あなたの気まぐれな仕事のやり方に、私は完全に振り回されている」と書き綴った。

一つ一つ事例を入れて、彼女のどのような行動が自分の仕事を倍に増やしているかを書いていった。こんなメールを出したらプライドの高いエレーンのみならず、日本人の上司でも絶対に私を首にするのはわかっていたが、もう書かずにはいられない状況だった。実は、半分自暴自棄になっていて、首になるのならなってもいいやという気分で、もはや「やけくそ」状態だった。長いメールをエレーンに送った後、外の空気でも吸ってこようと思い、ランチにでた。ランチから戻ると私の机の真ん中に、オレンジのガーベラが1本入った一輪挿しが置いてあった。

私は思わず「誰？　私を殺した人は？」と大きな声でオドケたが誰も反応しなかった。よくよく見ると封筒がはさんである。中にはエレーンからのメッセージカードが入っていた。「あなたの仕事を増やして本当にごめんなさい。これからも仲良くやっていきましょう。エレーン」と書いてあった。

あの高飛車なエレーンにこんな一面もあったのだ。だから、人って面白い。


富岡隆弘の姿が見えない事が多々あった。吉岡美智子曰く総務部当たりで油を売っているとのことである。仮に、少々他部署で油を売っていてもやるべきことはキチンとしているので、私はそれで良いと思い、特に何かを言ったことはなかった。彼が、あんなに嫌っていた銀行の主計部でのポジションを見つけてエルメス社を退職した後は、私が富岡の仕事を引き継いだ。引き継いでみて良くわかったが、承認印を頂きに社長室へ行ったり、営業のところに行く用が多かったことがわかり、それ程、油を売っていた訳でもないと私は思った。彼の日ごろのふてぶてしい態度から、誤解を生んでいたのかもしれない。

皆が口々に言う程、私にとって富岡隆弘は扱いづらい部下ではなかった。むしろ、私とはウマがあった。

経理チームで最初に退職し、退職の連鎖の口火を切ったのが富岡の退社だったが、彼は「杉原さんは自分に自由に仕事をさせてくれたので、自分も働きやすかった」と言って去っていった。

エルメス社は商法上の大会社にあたり、監査法人の監査を受けなくてはいけなかった。過去に家電大手での不正会計の問題がクローズアップされたが、監査法人とうまく付き合いたいのが経理担当者の本音である。監査法人側も監査手続き中に発見した「指摘事項」をいきなり正式レポートとして会社側には伝えず、事前にインプットをしてくれる。お互い持ちつ持たれつのところもやはりある。監査も終盤にかかり、監査法人側のマネージャーが私とエレーンに対して「指摘事項」について事前の打ち合わせがしたいと言ってきたことがあった。時刻は夕方6時半を回っていた。私がエレーンにその旨を伝えると、エレーンはそっけなくこう言った。「事前の約束がないミーティングには私は参加しません」

エレーンはいつも19時半に会社を出ていた。どんなにスタッフが忙しくて残業をしていてもエレーンは自分のペースは決して崩さない。今回もその例外ではなかったようだ。監査法人のマネージャーにエレーンの返事を伝えると、彼は苦虫を噛んだような顔になった。それでも、彼は今日お話をしたいとのことで、オープンスペースにある会議スペースに座ってエレーンを待っていた。私は重ねて監査法人の意向をエレーンに伝えたが、彼女の回答は変わらなかった。

私が会議スペースで監査法人にエレーンからの返事を伝えていると、その横を帰り支度をして会社を出るエレーンが通った。監査法人のマネージャーの顔が引きつるのを私は見た。

部下の退社の連鎖の渦中、私はよく帰りの電車を乗り越した。当時の私は横浜に住んでいたが、辻堂駅まで乗り越したことが何度もあった。その辻堂駅は現在の住まいの最寄り駅となり、藤沢と私のご縁を感じる。

いつも乗り越したことに気づき上り電車に飛び乗るも、またもや寝込んでしまい気が付くと品川。また下り電車に乗るというようなことを何度も繰り返し、いつになったら自宅に帰れるのだろうと思ったことが何度もあった。ある日、その日も辻堂駅まで乗り越してしまい、慌てて電車から飛び降りた。しかし、気がついた時には既に遅し、鞄だけが電車に乗っていた。翌日、わかったことだが、鞄はなんと小田原まで旅していた。

手ぶらで辻堂駅のホームに立った私は途方に暮れた。さっきの電車が終電でもう電車はない。駅の改札で「定期も財布も何にもないんです」と訴えると、駅員からは「それは交番の管轄だから、改札を通っていいから交番に行って」と言われた。とぼとぼ交番に行くと、「え、手ぶらで電車降りちゃったの？」と冷たい言葉。「じゃあ、この電話使っていいから自宅に連絡して家族に迎えに来てもらったら？」とおまわりさんは黒電話を机の上に置いてくれた。

私一人になり、自宅に電話するも誰も出ない。主人の携帯に電話をし、メッセージを何度も残すも折り返しがない。しかし、電話をするしかない。何度も何度も自宅に電話をすると、ついに主人が電話に出てくれた。事情を話すと車で迎えに来てくれることになった。やっと連絡がつき、ホッとしたのと自分が情けないのと色々な感情がごっちゃになり、私の目から次から次と大つぶの涙がこぼれ落ちた。そこへあのおまわりさんが戻ってきて、泣いている私を見て慌てた。

さっきの突き放したような態度とは一変し、言葉使いが柔らかくなる。「ご主人が迎えに来てくれるのなら、よかったじゃない、缶コーヒーあるから飲む？」と言って缶コーヒーを渡してくれた。「新聞もあるから、ご主人がくるまで読んでいたら」と言って奥にまた引っ込んだ。そう言われても、なんだかわからないがまた涙が溢れ出る。

私は惨めな気持ちで一杯だった。そこへ主人が迎えに来た。まだ幼稚園児だった息子がパジャマ姿で車の後ろに乗っていた。主人の顔を見るなり私は嗚咽しながら、声を上げてさらに泣いた。声にならないうめきの様な声で「はるちゃん、ありがとう。あーちゃん、ありがとう」と何度も、何度も言い続けながら……。

翌日、鞄を取りに小田原に行くと、財布から現金・イチローの写真が入ったスターパックスのプリペイドカード・イーオンの化粧品コーナーで２０００円分が無料になるクーポン券だけなくなっていたが、その他はすべて戻ってきた。帰宅する電車の中で自分の携帯をチェックすると、半泣き状態の私の留守電メッセージが幾つも入っていた。

エルメス社はセールをやらない。唯一、限られた上顧客向けに数日に渡ってセールをすることはあったが、大々的なセールは決して行わなかった。安売りをせず、ブランドのイメージを守ってきた。

しかし、いくらエルメスといっても「売れ残り」がまったくないわけではない。とくにプレタポルテと呼ばれる衣服はシーズンがあり、毎シーズン新しいコレクションを発表していることもあり、どうしても売れ残りが大量発生する。「カレ」と呼ばれる、あのスカーフもシーズン毎に新しい柄を出しているので大量に売れ残る。それらをどう処理するか？　実は社員に販売をし、在庫処分をしていた。女性社員の8割は熱狂的なエルメスファンであり、人によっては信者のようである。いくつもエルメスコレクションを持っているにも関わらず、彼女達は自分が持っていないエルメスコレクションを他の者が身につけていると、それを目ざとく見つけては、羨ましがっていた。

その人たちに、年に2回、「大社販」と称して、店頭小売価格の10％で2シーズン落ちの商品を販売していた。10％と聞くと激安ではあるが、元々の小売価格が高額なので、廃棄する手間と手数料を考えたら10％で販売しても、会社的には大事な収入源であった。外部の会場を3日間借りきり、同じ部署内で2～3人ずつのシフトを組んで、就業時間内にお買い物をすることが許された。

ジェネラルマネージャーと呼ばれる役員とその家族、部長とその家族は、初日の最初の時間枠で彼らだけで買い物をしていた。なんでも、会社の上層部の人間が、買い物に夢中になっている姿を社員達に見せるのは好ましくないという理由からだそうだ。

2年も3年も産休を取っている人も、大社販には姿を見せるというから、大変な熱狂ぶりである。総務部・ロジッスティック部総出で前準備から後始末までを担い、POSのレジまで用意され、万全な態勢が取られる。会場への入場前には総務部から注意事項が書いた紙が渡される。

自分と3親等以内の親族へのプレゼントは許されるが、基本的に転売は厳禁。3親等の範囲がわかるように系図も注意事項に入っていた。会場の前には開場を待つたくさんの社員がいて、今か今かと開場を待っている。いよいよ開場となると「走らないでください」という総務のアナウンスも虚しく、どこかのバーゲン会場さながらの熱気に包まれる。会場では「エルメスの社員らしく節度を持ったお買い物を」とのアナウンスが流れる。時々、お目当ての商品をめぐり、揉めることがあるらしく、「エルメスの社員らしく」と何度もアナウンスする総務の声が聞こえてくる。

支払いは現金・給与天引き・ボーナス払い・クレジットカード払いの4つから選べるが、時々、支給されるボーナス以上の買い物をしてしまう人がいるらしく、総務が購入額をチェックしている。

ある年の瀬、社員に抽選でバーキンが割安で購入できるとの社内案内があった。皆が大興奮した。実は私も申し込み購入した。当選した商品を見ると、鮮やかなブルーの地の正面から底にかけて白い線のようなものがあった。革を誤って削ってしまったようで拭いても取れない。総務に苦情を言うと、告知の際に「中にはB級品も含まれている」との文言があったと言われた。

私が総務にこう言われた、と経理財務部の部屋で話していると、それを聞きつけた吉岡美智子が口を挟んだ。「全部B級品か撮影用に使った品よ、知らなかった?」「これで年末の足らない売上を嵩上げするのよ」この言葉に唖然とした。そうか、うまく会社に乗せられてしまった訳だ。B級品といっても40万以上の値段で社員に販売しているので、総額で2億から3億くらいの売上になったはずだ。

私が4回目の大社販に臨んだ時に、バッグの抽選があった。大社販会場に見本として30種類くらいのバッグが飾られ、欲しいバッグの購入希望者リストに名前を記入後、抽選で1名が購入できるというものだった。私はとても珍しいバックに目が留まった。外見はリュックであるが、よくよく見るとショルダーバックであり、リュックに見える部分のバックルの付いた蓋部分に、オレンジ色のオーストリッチ革が使われ、本体のポケット部分には茶色のクロコ革が使われていて、バッグ全体は黒の革が使われていた。そのとても珍しいバッグの値札を見ると150万円の正札が付いていた。「150万円の一割というと15万円だし、どうせ当たらないけれど出してみよう」という気楽な気持ちでリストに名前を書いた。

エルメス社に入ってから金銭感覚・特に革製品に投下する予算が狂ってきていた私は、今なら15万円のバッグは買わないが、その当事は安い買い物くらいに感じていた。ところが、そのバッグが当たってしまった。私は見落としていたが、「そのバッグ」のコーナーだけは10%が適用されず、40%で購入できるコーナーだったことがのちに判明した。つまり60万円のバッグである。そんな高額でレア物を欲しがる人はいなく、私以外に購入希望者はいなかったとのこと。

総務部に品物を取りに来るように言われて、私は重たい気持ちでドアを叩いた。私に「その物」を渡す総務課長は語った。オーストリッチとクロコの両方を使ったこのバッグは、まさに一品ものであり、大変貴重なものである。ある意味で革職人の趣味で作ったような最高傑作品なので、世界に一つしかないバッグである。このバッグを手にする私は、ラッキーであり幸せ者であると。しかし、60万を予定していなかった私は、辞退したい旨を伝えた。

すると、総務課長の顔が一気に変わった。「辞退はできません」とキッパリと言い放った。「あなたが希望して、その結果、あなたが手にすることができた訳で辞退はできません」

私は時々、大きなポカをする。なぜ名前を書く前に誰かに聞くなり、注意書きを読むなりしなかったのだろう。後悔しても後の祭りである。オレンジ色のボックスに入った「その物」を私はしぶしぶ持って帰った。

経理財務部の部屋に戻ると、私が「その物」に当たった事を皆が知っていた。そして「見せて！見せて！」とせがまれた。一同に皆歓喜の声を上げ、口々に素晴らしいバッグであると褒め称えた。「だったら、これ買わない？」と私が言うと皆、笑いながらその場を離れて仕事に戻っていった。

けち臭い話だが、私はそのバッグを使う勇気がなく、いまだに家のクローゼットに手付かずの状態で眠っている。お金に困ったときに、街のブランド買取り屋さんに何回か持ち込んだが買い取りしてくれる業者はいなかった。

なんでも、「エルメス社のバッグ」と他人が見てすぐにわかるバッグでないと意味がないそうだ。「その物」は、バッグの中を開けてみて中の刻印を見るまで「エルメス社のバッグ」とはわからない。ある業者は「いい物を見せてくれて、目の保養になった」と私にお礼を言った。

今も我が家のクローゼットに「その物」は眠っております。欲しい方がいらしたら、お値打ち価格でお譲りしますので、ぜひご一報を。

富岡隆弘の退社が決まり、私はエレーンに訴えた。富岡は平社員だったが、彼の後任はアシスタントマネージャーとして採用して欲しいと。フォーマンセルで戦うためには、少なくとも、もう一人私以外のリーダーが必要だった。

エレーンはあっさりと承諾した。そして、私はたくさんの候補者から末長陽一を選んだ。マネージメント経験がないので、マネージャーとしての資質については未知だったが、彼の経歴とやる気に満ちた態度に期待をした。そして社員の「その容姿」に「エルメスらしさ」を求める人事の思惑にはピッタリくるイケメンであったし、本人も他人から映る自分の容姿を気にしているようであった。

富岡隆弘が退社してから末長陽一が入社するまでに2ヶ月の間があったので、その間は私が兼務をした。当事使っていた会計システムは、フランス本社のシステムとまったく繋がっていないスタンドアローンのシステムで、緑の画面にコマンドを打って操作するような、時代遅れのシステムであった。それ故に、経理社員がデータを入力した後に財務諸表を作るには、いくつものステップを踏んでシステムを走らせなければならず、富岡曰く、いたるところにトラップがあった。

富岡が退社後、私がその作業をしていると、何度も途中で作業が止まってしまうトラブルがあった。しかも情報システム部に助けを求めても、まったくわからないとのことで力にはならない。さらに、経理財務部内でも富岡以外にはこのプロセスをわかるものがいなかった。

私はどうしたか？　フランス本社の担当者に電話とメールをして助けを求めた。

エレーンがフランス本社勤務の時に、バスの中で知り合った人がたまたま子会社の人間で、「あの古い会計システム」を熟知していた。彼にトレーニングと若干のシステム改善の依頼をし、渡航費用をすべて日本側が負担することで来日したことがあった。その際に、私はトレーニングを彼から受けたことから面識があった。その彼が私の頼みの綱であった。

今日は会社の新年会という日、私はまたもやシステムトラブルに見舞われていた。そして今日中に提出しなければいけないレポートだった。夜7時から始まる新年会に経理チームのみならず、経理財務部の全員が出かけ、残っているのは私だけであった。日本の夕方はパリの朝である。私は何度もパリに電話をかけ、担当者が出社するのを待った。ようやく連絡がつき、どうにか目処がついた時は夜9時を回っていた。その頃、親しくしていた社長秘書の森川美恵から「まだ出られないの？」という催促電話が何度か来ていた。

彼女は私が入社した2ヵ月後に入社し、会社で唯一の友人であった。今日の新年会も一緒に出ようと約束をしていた。

事情を説明し、彼女から「あなた一人なの？　他の人は手伝ってくれないの？」と言われた時は、自分が置かれている四面楚歌の状況を認識し、自分が惨めになった。しかし、いつまでも惨めな気分に浸っている訳にはいかないので、とにかくパリと連絡がとれることを願った。

ようやく会社を出られる目処がつき、ロングドレスに着替えて大きなピアスをつけて、森川と一緒に会場へ向かった。

新年会の会場は、蟻の巣のように通路を通じてたくさんの部屋につながっているような面白い会場であった。

ドアを開けてすぐの比較的大きな部屋の真ん中に、氷でできたオブジェが設置されていた。実は、そこには生牡蠣がディスプレーされていたらしく、大人気で、あっという間になくなったそうだ。もちろん、私が会場にたどりついた時には既に跡形もなくなくなっていた。

しかし、どこで功を奏するのかはわからない。その「生牡蠣」を食べた人は、全員腹痛を起こしてしまい、次の日は会社を休んでいたことが後日判明した。

そして、待ちに待った末長陽一が入社した。

末長陽一の最初のキャリアは、建設会社の営業から始まっていた。6年間、最初の会社に勤め、米国会計士の試験を受けて合格したのを機に、フランス系メガネフレーム会社の経理財務担当となった。そこで4年勤めた後に、エルメス社へ転職をした。末長は、細身で刑事ドラマに出てきそうな、目鼻立ちのしっかりした顔立ちだった。そのハキハキした話し方・軽やかな身のこなしに反して手際が良いほうではなかった。

手際が良くないのを知ってか、長い勤務時間でのがんばりで仕事をこなしていた。

末長は本来の残業時間の三分の一しか、勤怠に入れていなかった。そのことを私は気づき、「正当な労働なのだから残業をした時間をそのまま入れていいのよ」と何度も促したが、その度に彼は、「自分の仕事が遅いから残業をしているので大丈夫です。ちゃんとできるようになったら請求させて頂きます」と言った。

いつも離席をしていた富岡の印象に対して、末長はいつも着席していた。しかし、末長から私にあがってくる成果物は明らかに時間がかかった。

ある日、私と末長の二人だけで休日出勤をしていると、末長が私に話しかけてきた。自分は経理財務という仕事に向いていないかもしれないと思い、悩んでいると。最初にその言葉を聞いた時に私は「甘ったれるな！」と思った。

が、そうは言わなかった。「今はまだ仕事に慣れないことで、自信をなくしているだけ、もう少し様子をみてみたら？」と伝えた。末長は、自分が思い描いていたように、手際よく仕事をこなせない自分に苛立っていたのかもしれないし、私たちが彼に求めていたリーダーとしての役割にも対応できていないことも、彼の自信を失わせる要因だったのかもしれない。

リーダーシップという要素は、本来　その人が元々もっている資質によるものが大きい。後発で身につけることは不可能ではないが、それを成し遂げるには、本人の多大なる努力が必要である。その後も要所要所で何かにつまずくと、末長は「自分はこの仕事に向いていない」と言っていた。そして「自分は杉原さんとは違い、なんでもサバサバできない」と続けて言った。

茶谷真由美は、経費精算システムプロジェクトリーダーからは外れたが、ユーザーテストのメンバーには入っていた。ユーザーテストでシステムのバグを洗い出し、システムの修正をかけるのを何度か繰り返し、納得がいった段階で納品となる。

それゆえ、ユーザーテストを行う人員は多ければ多い方が良いことになる。私もプロジェクトリーダーの内田にお尻を叩かれ叩かれて、時間の取れない中でもテストを行った。茶谷もリーダーからは外れても、テストをすることになるのは当然といえば当然ではあった。

しかし、茶谷は経費精算システムに関わる事に敏感に反応した。茶谷はどうしてもやりたくないという事で、退職することを選んだ。腹黒い事を言えば、もしかしたらエレーンはこの結末を望んでいたのではないかと私は勘ぐった。

茶谷が退社することになり、またリクルートが始まった。またしてもたくさんの履歴書から選別し、面接を幾度も重ねた。

溝口美紀子が新しいメンバーとして加わった。ほっそりとした体型でお洒落ではあるが、他の人とは違う、彼女ならではの服装をしていた。

元々いた経理部員のメンバーは、何かと皆でツルんでいたが、溝口はわが道を行く女性だった。仕事っぷりも、ガツガツがんばるという感じではなく、サラリと静かにこなしていた。溝口はどこで手を抜いても大丈夫かを見極めるのがうまい。なので、無駄な事に労力を使わない。新しいタイプの社員が加わり、部の雰囲気がまた変わった。

そんな中、会社の中で新しい動きが始まった。社歴が比較的長く、年齢が60歳に近い社員の雇用形態を正社員から嘱託に変更、またはある程度の支度金を会社が払い、自主退職を促すという早期退職制度が告知された。

簡単に言ってしまうと、会社からの指名で退職を勧告されるのだ。経理財務部では山本剛が該当となった。該当者の上司と人事マネージャーがペアになって説得にあたることになった。当初、山本はこの申し出に当惑していた。「自分のこの年で新しい仕事が見つかるとは思えない、嘱託でもいいので会社に残りたい」とその切な気持ちを語った。

するとと人事部は、人材斡旋会社と該当者の個別ミーティングを設定し、それぞれが会いに行くようにさせた。

人材斡旋会社では、その人にあった第二の人生の場を紹介してくれるとの話を聞いていた。山本が人材斡旋会社を訪ねた後、人事マネージャーを交えて3人で再度話し合いの場を設けた。

山本の様子が変わっているのに私は気が付いた。いつもの気配を隠している山本から「ちらっと」自信が見え隠れしていた。人事マネージャーがゆっくり話し出した。「ジャイアンツの2軍でいるよりも、横浜ベースターズで4番バッターとして活躍した方が、どんなにやりがいがあるかと、山本さんは思いませんか?」。その言葉に山本は深く頷いた。そして、山本剛は退職することとなった。

しかし、山本の後任は採用しなかった。エレーンが一言「後任を入れなくても何も影響しないでしょ?」と言った。私は静かに頷いた。

山本が退社することになり、また支払処理を、福本めぐみが担当することとなった。一度、人に渡した仕事が戻ってくると、余計な荷物が返ってきたようで心が重くなるものである。まさに福本めぐみの気持ちもそうであったと想像できる。福本としては人が次々に辞めていく状況で、自分も早く逃げ出さなければ、またどんなやっかいな事が回ってくるかもしれないと思ったに違いない。山本の退社の話を私が福本にした3日後に福本は退社の意思を伝えてきた。

そして、元々山本が担当していた仕事と茶谷が担当していた業務を、溝口美紀子が担当することになった。3人の派遣社員も、それぞれ別な理由で契約を更新することを望まなかったので、新しい人を探すこととなった。

もう、年がら年中、人探しである。エレーンが面接の時に私に言った「眠っている人たちを揺り起こして欲しい」を私は確かにがんばって行った。しかしやり過ぎた。もはや総入れ替え状態になってしまった。

今度は、福本の後任を探す番になった。またしてもたくさんの履歴書から選別し、面接を幾度も重ねた。

そして、山崎ひろみが入社することとなった。山崎ひろみは、ショートヘアでボーイッシュな感じのサバサバした感じの女性だった。結婚をしていたが子供はいなかった。やはり、溝口同様、皆でつるむ感じの女性ではなかった。9人いた経理部員のうち7人が退職し、6人新しいメンバーが入った。私は新しい習慣を入れることにした。

毎週月曜日の朝10時からグループミーティングの場を設けた。「ラウンドテーブル」と称して、会議室のテーブルと椅子を丸い円形に配置し、全員の顔が見える配置に直してからミーティングを始めた。まず私から今、会社の中で動いているプロジェクト、今自分が携わっている仕事、並びに今週のスケジュールなどを皆に伝えた。

その後、グループリーダである末長、その隣に座っているものと順番に一人一言でもいいので、発表する会とした。

何も皆に伝えることがない場合であれば、今自分がしている仕事。または、自分が今困っている事。何でもいいので、派遣社員であっても、必ず一言話すこととした。

この「ラウンドテーブル」を何回か重ねていくうちに、小さな変化が生まれた。いつも受動的だった私の部下達に変化が見えてきた。

誰かが「こういうことで困っている」と話すと、その「困った事」について「こうしたらいいんじゃない」という解決策を言う者が出てきた。次第に、活発な意見を交わす場に変わっていき、私は楽しくなってきた。

何よりも、やる気のなかった森本冴子が、派遣社員の指導者的役割を自らかって出てくれていたことが嬉しかった。

私はエレーンに提案をした。経理財務部全員で一度、お互いの知識を発表しあう会を設けたらどうかと。それは面白い、とエレーンは快諾した。森本冴子は「エームスの有効的な使い方講座」を、「吉岡美智子は予算組みプロセスについて」など、それぞれの得意分野についての先生となった。

普段はばらばらだった部の中が、なんとなく和気藹々とした様子になった事だけでも、やってみた価値はあったと私は思った。

経理財務部では、仕事の後に飲みに行く事は稀だった。もっとも、仲の良いもの同士で時々出かけていたようだが、私を誘うものはいない。しかし、年に1回ぐらいは会社から一人3000円の補助が出る事もあり、部で忘年会をした。そういう場では、誰もエレーンの隣には座らない。この際だから、自分をアピールしようと思う者はいなく、皆で競ってエレーンから離れた席に座ろうとする。

おのずと犠牲者は私となる。ある飲み会でエレーンと隣合わせになった時に私がこう話した。「私がエレーンの話を自宅でよくするので、私の主人はあなたに会ってみたいと言っているのよ」と。特に深い意味はなく、エピソードの一つとして私は話したのだが、エレーンはニヤリとした。「私が家でよくマダム・モーリーの話をしていたら、主人が君の話に出てくるモーリーという人物、君の話通り、どんなに「猛烈」な人なのか、とても興味あるから会ってみたいと言っていたわ。あなたも同じ事をご主人に言っていたのね」とサラリと言われた。驚くほどの「図星」で私は口ごもってしまった。

私のグループのスタッフが一人退社し、二人退社して新しい社員が入ってきて、残るは森本冴子と丸川綾乃だけとなった。スタッフの退社→採用活動→新しい社員が入社するまでの穴埋め。このサイクルを私はひたすら続けた。特に大変だったのは、富岡が退社し、末長が入社するまでの間だった。

とにかく、朝が来るのが早いのだ。夜11時過ぎまで仕事をし、自宅へ帰宅後、簡単な食事とお風呂に入るともう2時近くになっていた。そして翌朝、息子を起こして食事をさせ、幼稚園に送っていくためには6時には起きないといけなかった。息子からは「あーちゃんは、朝ママに会えるけど、パパは全然ママに会えないね」と言われ、こんな小さな子も気をつかっているのかと思うと辛かった。幼稚園へのお迎えと、食事は、私が朝に作ったものを夫かベビーシッターさんが息子に与えてくれていた。

エレーンのように会社が負担してくれる訳ではないので、シッターさんは週2日程しかお願いできず、残りは夫がやってくれていた。

私は心が何度も折れそうなのを「負けてたまるか!」という根性でどうにか乗り切った。

何よりも、これを乗り越えずに逃げてしまったら、この先の私の人生でまた同じような苦難が起きた時にも、また自分が逃げ出してしまうような気がした。ここはどうしても逃げ出したくはなかった。主人も私の思いを理解し、協力してくれた。

私が一人で粉骨していると、あのやる気のなかった森本冴子が、次第に私に手助けをしてくれるようになった。彼女の長年の経験を活かしてエームスの使い方のコツや、癖を教えてくれるようになった。次第に、私は彼女を信頼し、彼女に心を許すようになった。

富岡から引き継いだ業務で一番厄介なのが、資金繰りであった。

当事、エルメス社は銀行口座を20口座程度持っていた。各口座間で資金を移動しないと、一時的に資金不足という事態が生じるため、口座間の資金移動をかけないといけなかった。

ある日、私はうっかりして、1日預金口座のチェックを忘れてしまった。私は取り繕うのが下手な性格である。チェックを忘れていたことを思い出した時、思わず「あっ」と叫んでしまった。その後、銀行のデータを出力したファイルを慌ててみている姿を見れば大体の人が、何か大変な事が起きていることが容易に想像できたはずである。「あーやっぱり、やってしまった」と心の中で私は叫んだ。

自動引き落としが今日あり、今5千万円の残高不足が発生していた。資金移動ができる時間を過ぎてしまい、今日付けの資金移動ができない。そして、今日は金曜日。私はエルメス社がすべての銀行口座に「当座貸し越し」契約をしていたのを知っていた。「当座貸し越し」とは、一時的な残高不足の場合に不足分を補ってくれる契約である。もちろん、その分利息は徴収される。

私はざっと利息を計算してみた。月曜日に振り込むデータを今日流せば、利息は3万も掛からなかった。

　とにかく落ち着こう、と私は思った。その時、森本冴子の顔が浮かんだ。彼女に手招きをし、会議室に呼んだ。そして事の次第を森本に話した。

「エレーンに知られたら、大変ですよね」それが森本の第一声だった。まさにそのとおりである。すると、彼女らしいアドバイスがあった。「黙っていてもバレませんよ」森本が言うには、すべての銀行の明細書まではエレーンも目を通していないし、月曜日に振込みをすれば、利息分も少ないので、これまたエレーンの目には留まらないとのことだった。

　私は考えた。森本のアドバイスをありがたく受けて黙っているか。それとも正直にエレーンに話をするか？　しかし、月曜日に振込みをするためには、最終承認者であるエレーンに承認手続きをしてもらう必要がある。

　私に後ろめたい事があり、うそをついてもエレーンの嗅覚がそれを突き止めるに違いない。私は腹をくくった。エレーンに「今回のミスの経緯」「それによって受ける損害」「これからの予防対処方法」を、謝罪を入れて説明した。どんな雷が落ち、どんなに罵倒されると思っていた私は、拍子抜けした。エレーンは一瞬渋い顔をしたが、最後に「ＯＫ」と言って、月曜日の振込み承認をしてくれた。

　すべてが終わり、ホッとして席に座った私に、森本は近づき聞いてきた。「エレーンに話したんですか？」と。私は「うん、黙っていたらさらに最悪の状態を引き起こすと思って、全部言っちゃった」すると、森本は意外なことを言った。「その方が良かったですよ。さっき内山さんが私のところに来ました。彼女感づいたみたいです。もし、杉原さんがエレーンに言わなければ、彼女がエレーンに告げ口していましたよ」

おー、地雷を踏まなくて良かった！

ある年の年末に全社向けにアナウンスがあった。通常は年末の繁忙期向けに派遣社員を増員するのだが、今年はオフィス勤務者が1人2回程度、各店舗に入り店を応援しようというものであった。私は、とんでもないと思った。新人研修の時にあんなに「一流の接客」と言っていたエルメスが繁忙期に「一流でないもの」を客の前に出すのか！　と。あの頃の私はまだ生意気で、鼻息も荒かったので……。その通知を見るなり人事部に文句を言いにいった。「私は私の分野で一生懸命会社に貢献しております。餅は餅屋です。なぜ、接客に不慣れな経理財務部の人間が借り出されるのかまったく理解できません」とまくし立てた。

入社してすぐに、私も3日間、店舗研修として店舗に入ったことがある。制服を着て商品知識もなければ販売経験もない私がいきなり店で接客をした。見てくれだけは「店長クラス」である私は、お客様に「ちょっとこれって、何でできているのかしら？」などのようによく声をかけられた。私がわかるはずもなく、本当の販売員に助けを求めた。

それでも、3日目になると私にも色気が出てきて、わからないながらもスカーフくらいなら販売できるかも、と思い始めていた。

そこへ、スカーフを見たいというお客様が来店した。2日間でどこの引き出しにスカーフがあるかくらいはつかんでいた私は、お客様へスカーフコレクションをお見せするために、引き出しをおもいっきり引いた。すると、ストッパーが付いていなく、そのまま私の膝元に引き出しごと引き出してしまい、引き出しを持った状態で、私は揺ら揺らしてしまった。慌てたお客様が私を助けてくださり、2人で協力して出てしまった引き出しを元の場所に収めたという、お粗末な結果となり、無論スカーフも売れなかった。

入社時の店舗研修での苦い経験もあり、私は二度と接客はしたくなかったし、自分の専門分野で勝負しているという自負もあった。ただ、この私のクレームで、人事はさらに私を「要注意人物」と評価したのは間違いなかった。

経理財務部の他の人たちは文句も言わず、シフト表に名前を入れていったし、香港人のミニーに関しては、「接客するのが楽しみ！」と喜んでいた。彼女は中国語が母国語なので、中国からの観光客の通訳をすることができて店から大変喜ばれたと聞いている。

結果として、私はクレームをつけたことで、人事から目をつけられただけで、業務命令と称してシフトに入ることを余儀なくされた。さらに、配属された店舗は、池袋の百貨店内の店舗だったが、搬入のトラックが入れ替わり立ち替わり入ってくる、デッキ横に作られていた第二倉庫で、ひたすら商品をオレンジボックスに入れる仕事を任命された。

排気ガスの臭いがひどい場所で、劣悪な環境だった。後に、吉岡から聞いたところによると、この私が手伝いに入った第二倉庫は、特別環境がよくないところだそうで、他にこんな場所はないそうである。

私は「息ができない」と思った。排ガスの臭いのことではない、エルメス社に流れる「生きづらさ」のことである。

あぐらをかいて、仕事をしない上層部の仕事を、やる気のある中間管理職が必死で支えている構造に。そして、自由に物を申せない堅苦しい環境に息ができなくなっていた。もっと自分らしく仕事がしたいと思った。

9人の部下のうち7人が総入れ替えになった経理チームも、いまやまとまってきて、エレーンにも「良いチームを作ってくれた」とお褒めの言葉を頂いた。

しかし、このままこのぬるま湯の職場に居続けたら、私も知らず知らずのうちに「ふぬけ」になっていってしまうのではないかという焦りが生まれた。人生の一番の働き盛りの時期に、もっとバリバリ仕事がしたい。入社当初から水が合わないと思っていた私は、実は2年で辞めようと最初から決めていた。そして、ぴったり2年でエレーンが望むようなチームができ上がった。もう潮時かもしれないと思った。

私はエレーンに退職の意思を伝えた。「あなたのように仕事もできて、英語も堪能な人は、この組織では退屈してくるのね」と笑った。そして、自分のせいで辞めるのかとも言った。私は「あなたが上司だったから、2年勤められました」と笑って伝えた。エレーンは退職することを認めてくれた。

期間にしてみれば、きっかり2年という短い間ではあったが、これからの人生の中で会うことがないような、エルメスの世界の人にたくさん会い、他ではできない経験をすることができた。

そして、私はエルメス社で、「チャレンジし続けることに喜びを見つける自分」を再発見することができた。その後、アメリカの化粧品会社に勤務した後、２０１５年、私は無謀にも藤沢市議会議員選挙に立候補し、落選する。

これからもいろいろな事はあると思うが、「負けない自分」を貫くことが私らしさであり、それこそが私‐杉原えいこである。

そしてその後……（あとがきに代えて）

そもそも、なぜ私は政治を志したか？　それはエルメス社での経験が大きいのです。エルメス社で働いていた2年間に私は、延100人の候補者と面接をしました。9人いた部下が、わずか2年の間に7人が辞めてしまったので、年がら年中採用をしていたことになります。他の企業での採用も合わせると延500人くらいの方の履歴書を見てきました。

面接でいろいろな人とお会いするなかで、感じたことがあります。

外国でMBAを取得し、意気揚々と日本に帰国して、その知識と能力を活かそうとしている優秀な日本人が、帰国後の就職活動に躓き、その華麗な経歴ではもったいないような単純作業の求人にコゾッて応募してくる。この現状に私は純粋に「もったいない」と思っていました。個人の問題と片付けてしまえばそれまでですが、これは日本全体の損失ではないかと私は考えました。

今の日本では、優秀な人であっても、一旦レールから外れると、レールに戻ることは難しく、なかなか思うような仕事に就けない社会であることを……。私自身も、一回レールから外れてしまったので、余計に敏感に感じるのかもしれません。

家業が傾き、短大を中退した私は、ご近所さんのご紹介で、アルバイトのつもりで行った運送会社で経理社員のお話を頂き、そのまま翌日から働き始めました。

同級生達が学生生活を満喫している時に、運送会社で経理としてのキャリアをスタートさせました。右も左もわからない私を、当時の経理責任者だった林千恵子さんは、文字通り、手取り足取り教えてくださいました。そこで簿記や帳簿のつけた方を私は一から学んだのです。「課長さんと部長さんってどっちが偉いんですか？」。私がこんな質問を投げても、林さんはニコニコしながら、まじめに答えてくれました。

林さんは、まるで子供だった私にも敬語で話し、叱る時にはしっかり叱り、ほめる時にはとことん褒めてくださるとても素敵な方でした。仕事だけでなく、社会人・女性としての生き方を教えてくださいました。現在でも私の理想の方です。

そんな林千恵子さんが、２０１１年12月に急逝された時には、お顔を思い出すたびに涙が溢れ、3回目の命日までは、林さんを連想させる場所・言葉・出来事を目にするたびにメソメソし、平常心ではいられませんでした。

もうお会いできなくなったことが、今でも信じられないです。どこかであの優しい笑顔で私を見守ってくださっていると信じています。退社した後も、私を食事に誘ってくださり、いつかはご恩返しを、と思っていた矢先の出来事でした。林さんは、とにかく人に優しいマリア様のような方でした。林さんに直接ご恩返しはできなくなりましたが、人様のために頑張る私の姿を、林さんはきっと喜んでくれる。そう思うようになりました。

周りの方に恵まれ、いろいろな人に助けられて支えられて、どうにかこうにか自分のやりたい仕事をしてこられた私ですが、なかなか軌道修正ができずにいる大勢の方を見てきました。

一度レールから外れた方、がんばっていても報われない方の手助けを通じて、「社会に貢献したい」「私を育ててくれた人達にご恩返しがしたい」。そんな想いをふつふつと抱いていたところ、藤沢市で、シングルマザーとして頑張ってらっしゃる方に出会いました。彼女から藤沢市の学童保育が有料であること（ちなみに横浜は無料の「はまっこ」という学童があります）。ひとり親家庭の補助が薄いこと。補助があってもニーズに合わず、ポイントがずれていることなどをお聞きしました。

私なりに調べていくと、人口42万都市の藤沢市なのに、子育て政策が弱いことがわかりました。現在各市町村で、病児保育施設がたくさんできているというのに、藤沢市にはいまだに１つもないのです。何年か前に雑誌の特集で「主婦が住みたい街ナンバーワン」に選ばれた藤沢市なのに……、なぜ？

私は30年にわたり、経理マンとして仕事をしてきました。民間企業では、一度組んだ予算はよほどのことがない限り上振れしません。何か外的な要因で費用が膨らんだら、他の部分を削減して当初予算を守ります。これがこと役所となると、とたんに甘くなります。東日本大震災による材料費・人件費の高騰を理由に、藤沢市庁舎建て替え予算は、当初の１２０億円から１８７億円に上乗せされました。

長年、経理マンとして数字を見てきた私から見れば、経費を削減するなり、プランを縮小する対応があってしかりだと思うのに……。増額された67億円を、「がんばっているのに報われない人」のために使えなかったのだろうか、という思いが募りました。

ひとり親家庭の方は、声をあげたくても日々の生活に一杯一杯で、そんな暇がありません。その声を少しでも拾っていきたい。

さらに、江の島という素晴らしい観光地があるのに、夏の海水浴シーズン以外は、県外から観光客を十分に呼べていません。公と民間の得意分野を活かしあって、江の島の付加価値をもっと上げたい。地元民だけの地産地消ではなく、市外県外または外国からのお客さんをお迎えして、地元の美味しいものを地元で召し上がって頂く地産他消を推進したい。

そして、何よりも市議会議員は町の名士職であり、特別な人だけがなれる仕事であるという事実を変えたい。短大を中退したって、地盤・看板・鞄がなくたって、この街を良くしていきたい！　がんばっている人が報われる社会を作りたい！　という信念を貫き、公の奉仕者となりたい！　その一念で藤沢市会議員選挙に立候補いたしました。

結果は、46人中39番目の1668票で落選しました。落選したことにより、失ったもの・得たものすべてをひっくるめて、それでも挑戦を続けるかどうか自問自答しました。

選挙で負けた者はすべてを失います。選挙に出るだけでも家族に多大な迷惑をかける上に、落選してしまったショックは大きいです。そして落選の次の日から無職となり初めての「肩書き」がない完全無職状況となり、借金まで背負ってしまった現実と向き合うことになりました。「失う」怖さを知った私に再挑戦する意欲と根性が残っているかという問いを、自分自身に何度もしました。再挑戦ということは、また家族にも負担をかけるからです。

でも、私に期待をし、応援してくれた人、投票所に足を運んで実際に投票してくれた人々、皆さんに支えられてここまで来たのに、ここであきらめることはできません。そして、あらためてなぜ私が政治を志したかの原点に戻りました。私の残りの人生を、自分が長年気にかけていたこと。「レールから外れてしまった人達を、レールに戻す手助けがしたい」、「今までお世話になった方々にご恩返しがしたい」。

家族にその事を伝えると、「がんばれ」と言ってくれました。

私が落選した時、息子は高校一年生でした。落選が確実となり、私が敗戦の弁を言わないと、集まってくださった皆さんは帰るに帰れない状況。私が頭を下げると、息子が「他の誰よりも駅に立ち、がんばっていたのはママなのに、がんばっていない人が当選するなんて、俺は納得できない」と息子は泣きそうな顔で声をあげました。「あなたが見ているところではママは頑張っていたけど、当選した人は、あなたが見ていないところで、ママよりもがんばっていたのよ」と私が言っても「俺は納得できない！」と叫びながら出て行ってしまいました。

息子にまた同じ思いはさせたくありません。だけど、自分の信じる道をただ進むだけしかないのです。私にはこれしかない。息子も陰ながら今も応援してくれています。

私は子供の頃は「おせっかいやき」で、頼まれてもいないのに他人のおせっかいを焼くのが好きでした。究極のおせっかい焼きになって、がんばる人を支えたい！

◇◇◇

「人という字は、人と人とが支え合ってできている」ドラマ「金八先生」で金八先生が語った有名なセリフです。

今回、本書を出版するにあたり、あらためてたくさんの方々に支えて頂いていることを実感致しました。

人間関係が密になればなるほど、そこには喜びだけでなく、摩擦や軋轢が生まれるのも事実です。色々な考え方・様々な感じ方がありそれが個性であり、個性が違う人同士が支えあっているからこそ、世の中は面白いと思っております。一人では何もできません、今回、皆さんに支えて頂き、こんな素敵な本を出版することができたのは、まさに、人と人との支え合いの賜物であります。皆さん、本当にありがとうございました。私は幸せ者です。

著者プロフィール

杉原えいこ（すぎはらえいこ）

30年間、経理財務職で外資系企業にて勤務。

1982年3月経済的理由により短大英語科を中退。同年3月神奈川県海老名市にあるタカラ倉庫運輸サービス経理課入社。7年間の勤務後、オーストラリア・シドニーに渡り、Williams Business College で学ぶ。

著書に『英会話こんなときこう言う in Australia』（1992年新星出版社）がある。帰国後、アップルコンピュータに勤務。会社の支援もあり、昼間は仕事、夜は青山学院経営学部で学ぶ。その後、シマンテック、エルメスジャポン、クラブメッド、ベアミネラルなどで一貫して経理財務畑を歩む。2005年1月から2006年12月までの2年間を過ごしたエルメスジャポンでのエピソードをまとめる。

夫と長男、アポ（ダックス犬）との4人暮らし。

2015年4月藤沢市議会議員選挙に初出馬するも落選。捲土重来を期す。

オフィシャルサイト　http://www.e-osugi.com/

エルメスでの「負けない」760日奮闘記
—そして藤沢市議選出馬→落選↓—

発　行　2016年11月1日
著　者　杉原えいこ
発行種　田中康俊
発行所　株式会社 湘南社　http://shonansya.com
神奈川県藤沢市片瀬海岸 3-24-10-108
TEL　0466-26-0068
発売所　株式会社 星雲社
東京都文京区水道 1-3-30
TEL　03-3868-3275
印刷所　モリモト印刷株式会社

ISBN978-4-434-22564-2　　C0093